国家自然科学基金科学仪器基础研究专项(51327007)资助
国家自然科学基金重点项目(51734007)资助
“十四五”时期江苏省重点图书出版规划项目资助
国家自然科学基金面上项目(52074217、52174205、52174207)资助

高瓦斯低透煤层卸压瓦斯高效抽采技术及工程示范

主 编 李树刚 王洪权

中国矿业大学出版社
· 徐州 ·

内 容 提 要

本书共包括9章内容，涵盖了瓦斯灾害防治技术分析及应用的多个方面。首先测试了天池煤矿各煤层的瓦斯基础参数，并介绍了煤层瓦斯生成机理、煤层瓦斯含量主要影响因素及煤层瓦斯赋存特点。其次系统分析了天池煤矿各工作面的瓦斯涌出来源和瓦斯涌出量的影响因素及主控因素，并通过理论分析、物理相似材料模拟实验、数值模拟实验及现场试验等手段研究了回采过程中采场覆岩裂隙“三带”的演化规律，确定了各采煤工作面的“三带”高度，获得了卸压瓦斯抽采布置参数。最后，在上述研究的基础上，详尽阐述了高位钻孔、隅角埋(插)管、高抽巷等卸压瓦斯抽采方式的布置实施情况，并详细考察了各种瓦斯治理手段的防治效果，构建了适合于天池煤矿的卸压瓦斯抽采模式。

本书可供从事安全科学与工程、采矿工程等领域的煤矿技术人员、科研工作者及高校师生参考。

图书在版编目(CIP)数据

高瓦斯低透煤层卸压瓦斯高效抽采技术及工程示范/李树刚，王洪权主编．—徐州：中国矿业大学出版社，2023.10

ISBN 978-7-5646-5690-4

Ⅰ．①高… Ⅱ．①李… ②王… Ⅲ．①煤层—瓦斯抽放—研究 Ⅳ．①TD712

中国版本图书馆CIP数据核字(2022)第255752号

书　　名　高瓦斯低透煤层卸压瓦斯高效抽采技术及工程示范
主　　编　李树刚　王洪权
责任编辑　黄本斌
出版发行　中国矿业大学出版社有限责任公司
　　　　　　(江苏省徐州市解放南路　邮编221008)
营销热线　(0516)83885370　83884103
出版服务　(0516)83995789　83884920
网　　址　http://www.cumtp.com　**E-mail**:cumtpvip@cumtp.com
印　　刷　苏州市古得堡数码印刷有限公司
开　　本　787 mm×1092 mm　1/16　**印张** 8.5　**字数** 217千字
版次印次　2023年10月第1版　2023年10月第1次印刷
定　　价　38.00元

《高瓦斯低透煤层卸压瓦斯高效抽采技术及工程示范》编 委 会

主　编　李树刚　王洪权

副主编　林海飞　郭　英　赵鹏翔　夏保庆　翟文杰
甘路军　秦　雷　杨二豪

参　编　（按姓氏笔画排序）
丁　洋　王绍威　孔　雷　孔凌志　双海清
刘丽凯　严　敏　李成明　李光强　李志梁
杨玉磊　肖　鹏　宋兆雪　张昭镇　陈建中
索　亮　徐金国　郭赵虎　常　青　程　震
樊金龙　潘红宇　魏宗勇

前　言

煤炭是我国的主体能源，煤炭工业关系国家经济命脉和能源安全。我国是世界上煤层气资源储量巨大的国家之一，在煤矿生产过程中，煤层中的瓦斯含量高、压力大，煤层透气性低，地质构造条件复杂，对高瓦斯矿井煤层进行瓦斯抽采可以有效解决矿井巷道内瓦斯浓度过高、采掘工作面瓦斯突出的危险。瓦斯不仅是一种威胁井下生产安全的危险气体，又是一种严重威胁大气环境的温室气体。瓦斯作为煤炭伴生物，同时也是一种高热值、无污染的非常规天然气资源。因此，矿井瓦斯抽采必不可少，一举多得。

本书以天池煤矿为例，采用理论分析、实验室实验、物理相似材料模拟实验、数值模拟实验、现场试验等相结合的方法，分析了煤层瓦斯高效抽采参数及灾害综合防治技术。本书共9章内容，第1章介绍了煤炭的地位与作用、煤矿瓦斯的双重性以及高效抽采与防治技术的主要内容，第2章叙述了矿井地质及生产概况，第3章测试了煤层瓦斯基础参数，第4章分析了煤层瓦斯赋存特性，第5章论述了工作面瓦斯涌出规律以及预测了瓦斯涌出量，第6章研究了采动覆岩裂隙演化规律及卸压瓦斯运移储集规律，第7章论述了采动卸压瓦斯抽采技术，第8章分析了采动卸压瓦斯安全抽采效果，第9章总结了全书的研究内容并对以后的研究工作进行了展望。

本书由天池煤矿、西安科技大学的科研及技术人员共同完成编写，其中李树刚、林海飞负责编写前言、第1章；王洪权、夏保庆负责编写第2章；郭英、赵鹏翔负责编写第3章、第7～9章；秦雷负责编写第4章；翟文杰、甘路军负责编写第5章；杨二豪负责编写第6章；参编人员负责资料整理、图表绘制等工作。本书编写过程中，邓军、文虎、张天军等教授，成连华、李莉、刘超、徐刚等老师提出了许多宝贵的意见，徐培耘、白杨、闫冬洁、龙航、赵波等博士研究生开展了部分文字性的工作，同时在现场工业性试验期间，得到了天池煤矿通防科、地测科、生产技术科、通防工区有关领导及技术人员的大力支持，在此一并表示感谢。本书为“十四五”时期江苏省重点图书出版规划项目，得到了国家自然科学基金科学仪器基础研究专项(51327007)、国家自然科学基金重点项目(51734007)、国家自然科学基金面上项目(52074217、52174205、52174207)的资助和支持，同时还得到了中国矿业大学出版社的大力支持，在此深表感谢。本书编写过程中，参阅了国内外许多专家学者的论文、著作，在此向所有文献的作者表示由衷的感谢。

本书在现有理论及技术水平的基础上，综合前人的研究成果，对天池煤矿煤层瓦斯高效抽采及灾害综合防治技术开展了探索性的研究，形成了能够指导天池煤矿开展瓦斯防治的技术模式。由于煤矿瓦斯灾害致灾因素的多样性、动态性、综合性，许多问题尚处于探索之中，加之编者知识水平所限，书中难免存在疏漏之处，恳请各位读者批评指正。

编　者

2022年10月

目 录

1 绪　论

1.1 煤炭的地位及作用

1.1.1 煤炭资源在全球经济中的地位

2020 年全球一次能源消费量首次出现下降，较 2019 年下降 4.3%（图 1-1），但石油价格较高，各国都在调整能源消费结构，降低石油消费比例，使得煤炭占比仍然较高。根据《bp 世界能源统计年鉴 2021》的数据，能源消费量的下降主要由石油导致，石油消费下降量占能源消费下降量的 3/4，同时天然气和煤炭消费量也出现了显著下降。按国家划分，美国、印度和俄罗斯 2020 年能源消费量下降幅度最大，而中国的增长幅度最大（2.1%），是能源需求增加的少数几个国家之一。

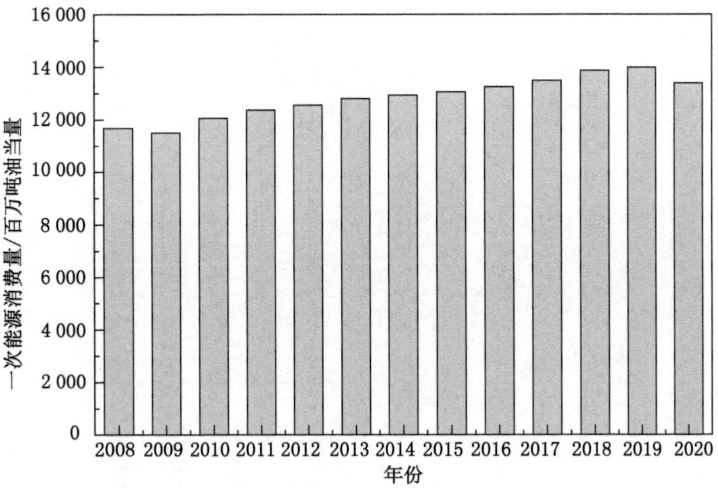

图 1-1　2008—2020 年全球一次能源消费量

2020 年全球煤炭消费量较 2019 年下降 3.8%（图 1-2），其中美国、俄罗斯、印度等能源消费大国的煤炭消费量都有所下降，而中国与马来西亚的煤炭消费量呈现增长趋势。

自 2011 年以来，全球煤炭产量呈振荡形变化趋势，其中 2020 年全球煤炭产量达到 75.75 亿 t，较 2019 年下降 4.8%（图 1-3）。

煤炭是世界上储量最多、分布最广的常规能源，未来煤炭需求仍将保持增长的态势。据预计，尽管自 2009 年以来许多国家都在大力开发风能和生物燃料等替代能源，但在未来

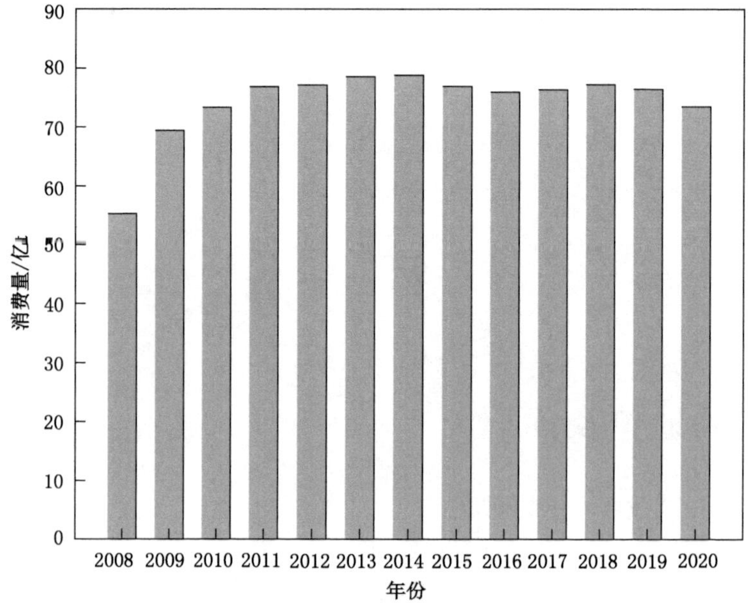

图 1-2　2008—2020 年全球煤炭消费量

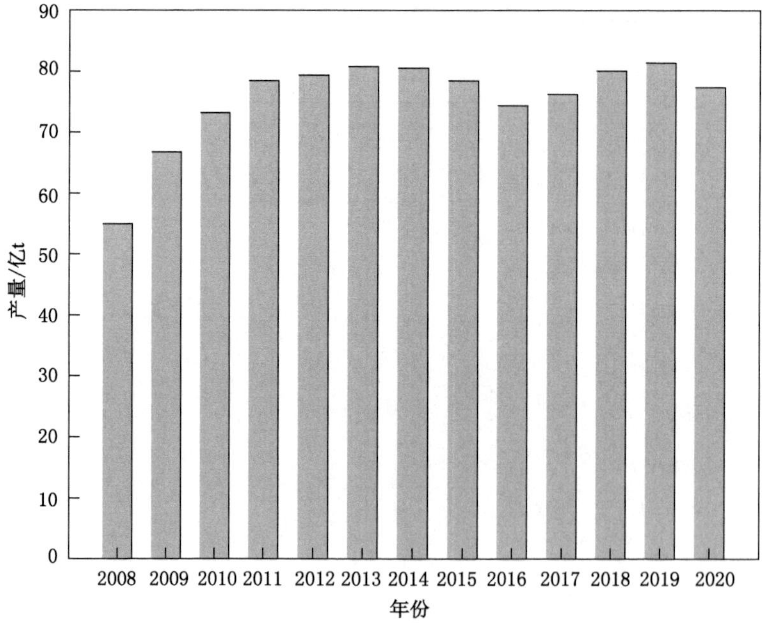

图 1-3　2008—2020 年全球煤炭产量

20 年里，全球仍不可能摆脱对化石能源的依赖，而且由于世界范围内原油和天然气比煤炭更为稀缺，因此世界能源消费仍将更多地依赖煤炭。

1.1.2　煤炭资源在我国国民经济发展中的作用

煤炭是我国的基础能源和重要原料，煤炭工业是关系国家经济命脉的重要基础产业，支撑着国民经济持续稳定发展。据统计，截至 2021 年年底，全国煤炭保有查明资源储量为

2 078.85 亿 t,从 2010 年到 2021 年我国共产原煤 452.39 亿 t(图 1-4)。近年来,尽管国内对石油、天然气等能源的需求快速增长,对煤炭的需求有所下降,但由于我国具有"富煤、贫油、少气"的资源特点,煤炭在我国能源消费中的比例与其他国家相比仍很高(表 1-1)。

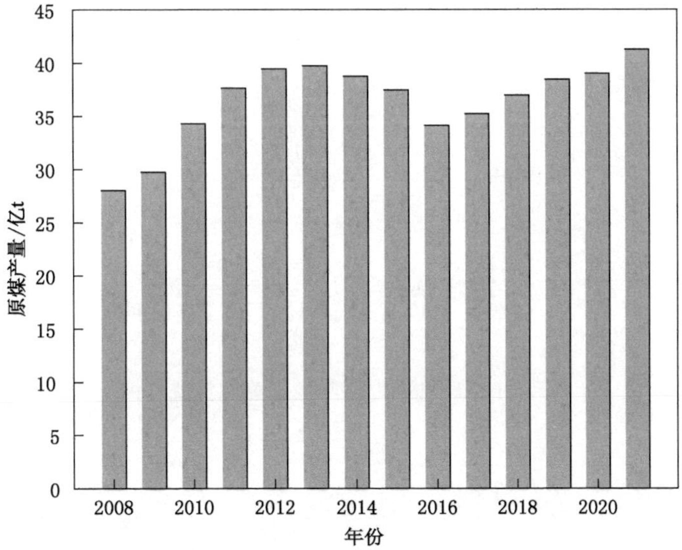

图 1-4 2008—2021 年我国原煤产量

表 1-1 2020 年我国与其他国家煤炭消费量占能源消费量的比例对比[1]

国家	中国	美国	俄罗斯	印度	德国	日本
比例/%	56.9	10.5	12.0	44.0	15.2	26.9

随着经济的发展,我国煤炭的生产量与消费量节节攀升,我国已经成为世界上最大的煤炭生产国和消费国[2]。煤炭广泛应用于钢铁、电力、化工等工业生产及居民生活领域。根据《bp 世界能源统计年鉴 2021》的数据,2020 年全球能源消费结构中,煤炭占 27.2%,石油占 31.2%,天然气占 24.7%,核电、水电等占 11.2%(图 1-5)。反观我国 2020 年能源消费结构,其中煤炭占 56.9%,石油占 18.8%,天然气占 8.4%,核电、水电等占 15.9%,相比之下,

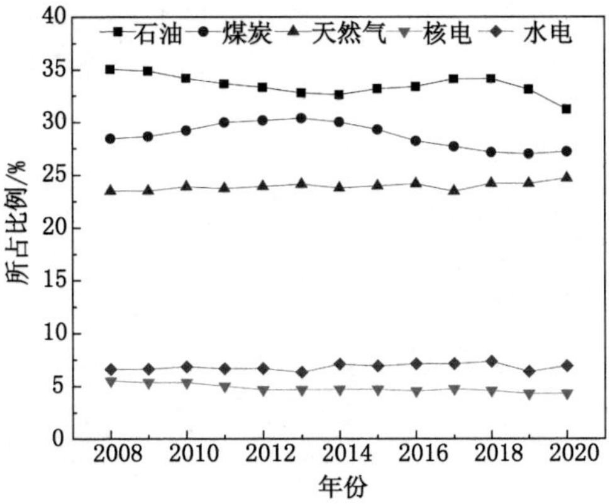

图 1-5 2008—2020 年全球能源消费结构

石油、天然气在我国能源消费结构中所占比例较低(图 1-6)。显然,在相当长的时期内,煤炭仍将作为我国的主导能源不可被替代。

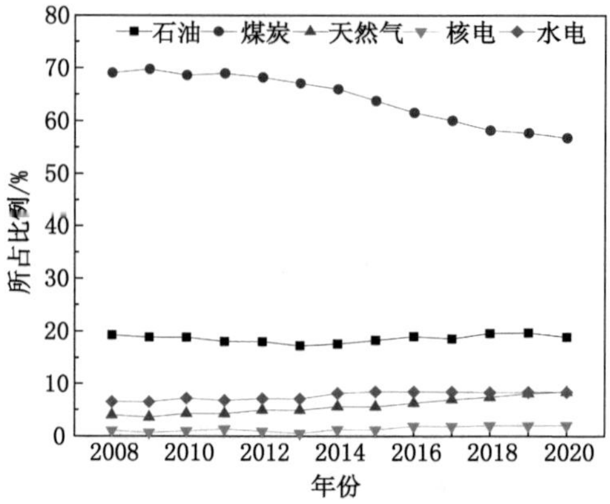

图 1-6　2008—2020 年我国能源消费结构

1.2　煤矿瓦斯的双重性

1.2.1　煤矿瓦斯的灾害性

1.2.1.1　瓦斯是影响我国煤矿生产的“第一杀手”

(1) 我国煤矿安全基本形势

近年来,随着煤矿安全各项关键技术的攻关突破,各项法律法规的日趋完善,科学安全理念的逐步形成,以及国家有关部门对煤矿安全生产监管力度的加大,我国煤矿安全生产形势得以好转,但与美国等主要产煤发达国家相比,我国煤矿安全生产形势依然严峻。

据不完全统计[3],2003—2021 年我国共发生煤矿事故 25 931 起,死亡人数 43 157 人(图 1-7)。由图 1-7 可知,从 2003 年到 2021 年,煤矿事故起数由 4 143 起下降到 91 起,下降 4 052 起,降幅 97.80%,死亡人数由 6 434 人下降到 178 人,下降 6 256 人,降幅 97.23%,煤矿百万吨死亡率由 3.71 下降到 0.043,下降 3.667,降幅 98.84%。

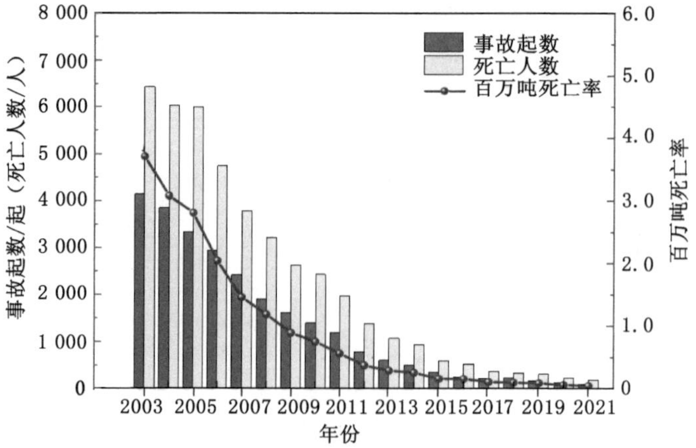

图 1-7　2003—2021 年我国煤矿事故情况

(2) 我国煤矿瓦斯事故形势

据不完全统计[3],2003—2021 年我国共发生煤矿瓦斯事故 3 037 起,死亡人数 12 950 人(图 1-8)。总体来看,煤矿瓦斯事故起数占煤矿事故起数的 11.71%,煤矿瓦斯事故死亡人数占煤矿事故死亡人数的 30.01%。煤矿瓦斯事故起数占煤矿事故起数的比例由 2003 年的 14.10% 下降到 2021 年的 5.49%,降幅高达 61.06%;煤矿瓦斯事故死亡人数占煤矿事故死亡人数的比例在 2016 年最大,达 42.02%,在 2020 年降至历史最低点。因此,煤矿瓦斯事故的危害性最大,不仅发生概率较高,而且事故后果严重,预防瓦斯事故仍将是我国煤矿相当长时期内的重要工作。

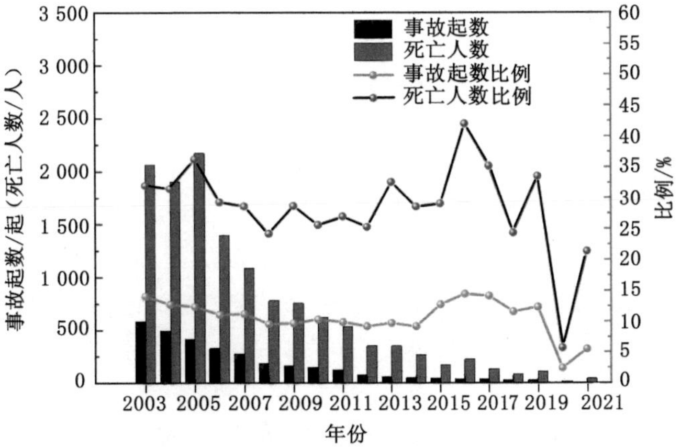

图 1-8 2003—2021 年我国煤矿瓦斯事故情况

1.2.1.2 煤矿瓦斯造成严重的大气污染

煤矿瓦斯(主要成分是甲烷)是造成温室效应、破坏臭氧层等大气环境污染之源,其温室效应是同质量二氧化碳的 25 倍左右[4],对大气臭氧层的破坏能力是二氧化碳的 7 倍。近年来,随着煤炭开采深度增加,采掘机械化程度提高,煤矿瓦斯抽采量也急剧增大,相应地在抽采过程中消耗的人力、财力也迅速增加。做好瓦斯综合利用,最大限度地控制瓦斯直接向大气中排放,有利于减少空气污染,保护生态环境。

1.2.2 煤矿瓦斯的资源性

与煤矿瓦斯的灾害性相对,煤矿瓦斯又是一种经济的可燃气体,是高热、洁净、方便的能源,具有无污染、无油污等多种优点。按甲烷的热值(约为 3.5×10^4~3.9×10^4 J/m^3)计算,1 000 m^3 甲烷所产生的热量约相当于 1 t 标准煤所产生的热量[5]。另外,甲烷除用作民用燃料之外,还可作为化工原料生产氨气和化肥等。

据统计[6],我国是世界上瓦斯资源储量巨大的国家之一,在埋深 2 000 m 以内瓦斯资源量约为 36.8 万亿 m^3,约占世界的 13%,主要分布在华北和西北地区(图 1-9),其中埋深为 1 000 m 以内、1 000~1 500 m 和 1 500~2 000 m 的瓦斯资源量分别占 38.8%、28.8% 和 32.4%。全国大于 5 000 亿 m^3 的含瓦斯盆地(群)共有 14 个,其中含瓦斯量在 5 000 亿~10 000 亿 m^3 之间的有川南黔北、豫西、川渝、三塘湖、徐淮等地,含瓦斯量大于 10 000 亿 m^3 的有鄂尔多斯盆地东缘、沁水盆地、准噶尔盆地、滇东黔西盆地群、二连盆地、吐哈盆地、塔里木盆地、天山盆地群、海拉尔盆地。

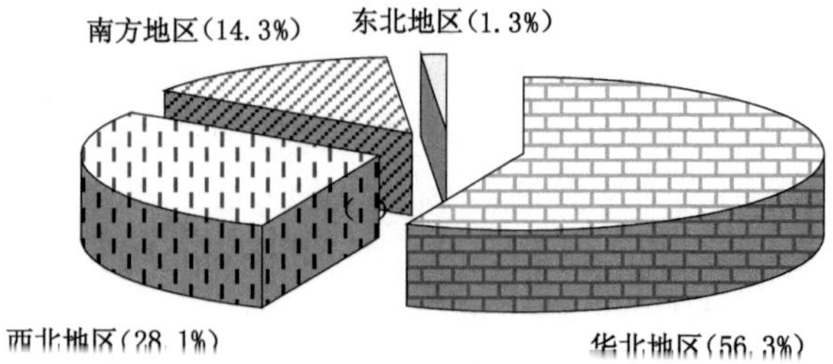

图 1-9 我国瓦斯资源分布地区

1.3 煤矿瓦斯防治技术及方法

1.3.1 矿井采动覆岩移动及结构演化规律

为了减轻矿井采动覆岩移动对采矿工程及地面的影响,国内外有关学者对采动覆岩结构移动演化与破坏规律进行了长期大量的研究,相继提出了多种理论,其中具有代表性的有压力拱理论、悬臂梁理论、预成裂隙梁理论、铰接岩块理论、砌体梁理论、传递岩梁理论、薄岩板理论、关键层理论及采动覆岩裂隙分布"区带"论等。

(1) 压力拱理论[7-8]

该理论由德国学者 W. Hack 和 G. Gillitzer 等人于 1928 年提出,主要观点是:压力拱跨越整个工作面空间,前后拱脚分别坐落于煤壁前方未采动的煤体和采空区后方已压实的矸石上,且压力拱随工作面推进而前移;压力拱切断了拱内外岩石的力学联系,承担了覆岩质量并将其传递至拱脚,从而形成了支承压力;工作面支架仅承担拱内岩石质量。该理论较好地解释了工作面围岩支承压力的存在,说明了工作面支架上的压力远小于上覆岩层质量的原因,但未明确压力拱与岩层移动演化间的关系。

(2) 悬臂梁理论[9-10]

该理论由德国学者 K. Stoke 于 1916 年提出,主要观点是:顶板岩层是一种连续介质,垮落后可看作一端嵌固在煤壁前方的悬臂梁。当顶板由多层岩层组成时,就形成了组合悬臂梁,随工作面推进这些悬臂梁有规律的折断和垮落,导致工作面周期来压。该理论较好地解释了工作面的周期来压现象,为岩梁理论发展奠定了基础。

(3) 预成裂隙梁理论[11-12]

该理论由比利时学者 A. Labasse 于 20 世纪 50 年代初提出,主要观点是:由于工作面前方支承压力作用使覆岩的连续性遭到破坏,顶板中产生了大量裂隙而成为非连续岩层,这些岩梁中的裂隙在支承压力作用下预先形成,故称为预成裂隙梁。该理论揭示了煤层及其顶板岩层超前支承压力作用下产生预成裂隙的机理,指明了破坏的原因,对梁类理论的进一步发展有重大作用。但其缺点为:一是不区分煤层赋存结构及开采条件,一律用预成裂隙梁理论来推断采动覆岩破坏情况;二是预成裂隙梁的范围无法界定;三是无法解释采动覆岩的周期来压规律;四是无法解释工作面矿压的定量计算问题。

(4) 铰接岩块理论[12-13]

该理论由苏联学者库兹涅佐夫于 1954 年提出,主要观点是:工作面支架上的压力显现由已垮落的岩层和尚未垮落呈铰接状态的以上岩层运动所决定，已垮落岩层分为不规则垮落带和规则垮落带，在规则垮落带之上的岩层将形成裂隙带，裂隙带内的岩块在水平挤压力的作用下互相咬合，在随工作面推进而沉降的运动过程中彼此牵制，形成三铰拱式铰接岩块平衡结构。该理论较深入地揭示了采动覆岩的垮落条件，提出了支架可能在给定载荷和给定变形两种状态下工作的概念，初步涉及岩层内部的力学关系及其可能形成的结构，一定程度上揭示了工作面支架围岩间的关系，为顶板控制设计提供了依据。但对铰接岩块间的力学平衡条件未做进一步探讨，未能确定出呈铰接状态的基本顶岩梁的形成条件和具体范围，因而未能解决工作面顶板定量控制设计问题。

（5）砌体梁理论

该理论由我国钱鸣高院士于 20 世纪 70 年代提出，主要观点是：采场上覆岩层的岩体结构主要由各个坚硬岩层构成，每组岩体结构中的软岩层可视为坚硬岩层上的载荷，随着工作面的推进，当基本顶达到极限跨距时破断，破断的岩块在下沉变形中互相挤压，产生强大的水平推力，岩块间摩擦咬合，形成外表似梁实质是拱的砌体梁或裂隙体梁三铰拱式平衡结构。该结构具有滑落失稳和回转变形失稳两种失稳形式，破断岩块能否形成拱式平衡结构，取决于砌体梁结构的滑落（slipping）稳定条件及回转（rotation）稳定条件，简称“S-R”稳定条件，并根据三铰拱的极限平衡原理推导出了砌体梁结构的“S-R”稳定条件[14]，如式（1-1）和式（1-2）所示。

$$h + h_1 \leqslant \frac{\sigma_c}{30\rho g}\left(\tan\varphi + \frac{3}{4}\sin\theta_1\right)^2 \tag{1-1}$$

$$h + h_1 \leqslant \frac{0.15\sigma_c}{30\rho g}\left(i^2 - \frac{3}{2}i\sin\theta_1 + \frac{1}{2}\sin^2\theta_1\right) \tag{1-2}$$

式中 h, h_1 ——砌体梁及其载荷层厚度，m；

σ_c ——岩体抗压强度，MPa；

θ_1 ——回转变形角，(°)；

$\tan\varphi$ ——砌体梁中各岩块的摩擦系数；

ρg ——岩层重力密度，kN/m^3；

i ——岩块块度，即岩块厚度与长度的比值。

之后，侯忠杰等[15-16]给出了较精确的基本顶断裂岩块回转端角接触面尺寸，并分别按照滑落失稳和回转失稳计算出了类型判断曲线。常龙等[17]建立了浅埋煤层采场基本顶周期来压的“短砌体梁”和“台阶岩梁”结构模型，分析了顶板结构的稳定性，揭示了工作面来压明显和顶板台阶下沉的机理是顶板结构滑落失稳，给出了维持顶板稳定的支护力计算公式。

（6）传递岩梁理论

该理论由我国宋振骐院士于 20 世纪 70 年代提出[18]，主要观点是：在工作面采动上覆岩层中，除靠近煤层的已垮落到采空区的直接顶外，直接顶上的基本顶岩层断裂呈假塑性状态，一端由工作面前方煤体支撑，另一端由采空区已垮落的矸石支撑，在推进方向上形成不等高的可传递水平力的裂隙岩梁，简称“传递岩梁”。该理论提出了“二块铰接岩块”形成基本顶基本结构，分析了该结构的演化对工作面矿压显现的影响，并提出了“基本顶结构”可以预测的思想。

（7）薄岩板理论

由于梁理论和压力拱理论均限于采场中部沿走向的平面问题，随着对矿山压力研究的深入，将基本顶岩层视为板结构逐渐为人们所接受。斯列萨列夫起了开创作用，明确阐述了巷道顶板与板相类似，并提出了用等效梁代替板的近似计算方法[19]。随后 G. Beer 等[20]对其进行了较深入的研究。

在我国采矿界，钱鸣高院士等[12]将基本顶岩层视为板结构，对其稳定性进行了研究。吴洪词等[21]将基本顶视为弹性薄板，采用薄板弯曲边界元法分别与弹性、弹塑性、黏弹性及黏塑性边界元法耦合。陈忠辉等[22]将长壁工作面采场顶板划分成若干个相互铰接的薄板，建立了薄板组力学模型，从理论上解释了沿工作面方向顶板垮落及其来压特征。

（8）关键层理论

该理论由钱鸣高院士等人于 20 世纪 90 年代提出，主要观点是：在煤系岩层中，成岩时间和矿物成分等不同，形成厚度不等、强度不同的多层岩层，其中某些坚硬岩层在采动覆岩变形破坏和运动演化过程中起主要控制作用，它们破断前以连续梁力学结构支撑上覆岩层，破断后以砌体梁力学结构支撑上覆岩层，并以砌体梁力学结构演化运动影响采场矿压、岩层移动和地表沉陷，这类岩层称为关键层。当采动覆岩存在多层硬岩层时，根据各坚硬岩层的特征和对覆岩运动所起的作用，关键层可分为主关键层和亚关键层，前者对采动覆岩运动起全部控制作用，后者起局部控制作用。

在关键层理论研究进程中，钱鸣高院士、柴敬、Y. G. Wang 等[23-25]先后建立了关键层理论的框架及判别方法，深入分析了采动覆岩中关键层上部的载荷分布、关键层下部的支承压力分布和关键层破断规律等，进一步明确了关键层复合效应与复合关键层的概念，深入揭示了关键层在采动覆岩中的控制机理。侯忠杰[26]研究了浅埋煤层组合关键层理论，揭示了地表厚松散层浅埋煤层组合关键层自身不能形成三铰拱式平衡的机理，为组合关键层在浅埋煤层顶板控制中的应用提供了依据。

关键层理论的提出为研究采场尤其是采场矿压及其显现、岩层移动及地表沉陷、煤岩体中流体运移特征及控制打开了广阔的前景[27-39]。

（9）采动覆岩裂隙分布“区带”论

对于覆岩采动裂隙动态分布规律的研究，国外的 V. Palchik、M. Karmis、G. J. Hasenfus、A. Ghosh、S. S. Peng 等[40-44]认为长壁开采覆岩存在三个不同的移动带。国内的钱鸣高院士、刘天泉院士等[45-46]提出“横三区”“竖三带”的观点，即采动覆岩直至地表的运动规律是一个动态发展的过程，沿工作面推进方向采动覆岩分为煤壁支撑影响区、离层区和重新压实区，由下向上采动覆岩分为垮落带、裂隙带和弯曲下沉带。高延法[47]从地表沉陷控制研究出发，提出了岩移“四带”模型。姜福兴等[48]提出了采动覆岩结构的系统模型和系列模型的概念，将煤层开采以后的上下岩层分为底板区、顶板区、裂隙区、缓沉区、表土区，各区间的模型参数相互影响。

近年来的研究表明，煤层开采后上覆岩层所形成的形态并非是传统意义上的“三带”特征，而是随工作面的推进，裂隙分布特征亦随之变化[49-50]。钱鸣高院士等[51]基于关键层理论，应用模型实验、图像分析、离散元模拟等方法，提出了煤层采动后上覆岩层采动裂隙呈两阶段的发展规律及“O”形圈的分布特征。

郭玉森等[52]通过研究平煤新峰四矿 12160 采煤工作面煤层开采过程中上覆岩层裂隙变化规律，提出了采动裂隙带呈“回”形圈的分布特征。杨科等[53]采用实验室物理相似材料模拟、计算机数值模拟及理论分析综合方法，得到了覆岩采动裂隙具有"∩"形高帽状、前低后高驼峰状、前后基本持平驼峰状、前高后低驼峰状等特征。

袁亮院士、涂敏、卢平等[54-55]将采动裂隙分为采空区顶板环形裂隙区、裂隙带内竖向裂隙发育区以及远程卸压煤层裂隙发育区。近年来，袁亮院士等人运用岩层应力、位移、孔隙流压等实时监测手段，以及围岩变形与水、气耦合的 COSFLOW 数值模拟技术，初步建立了低透气性煤层群瓦斯高效抽采的高位环形裂隙体及其判别方法。

齐庆新等[56]认为工作面前方煤层中存在反"C"形裂隙发育带。谢和平院士、于广明、张向东、张永波等[57-60]研究得出了采动岩层裂隙分布规律及裂隙网络分形特征。王悦汉等[61]构建了采动岩层动态力学模型，得出了采动岩层破裂规律及裂隙演化特征。

李树刚等[62]提出煤层开采后，采场上覆岩层中的破断裂隙和离层裂隙贯通后在空间上的分布是一个动态变化的采动裂隙椭抛带，并分析了关键层位置与采动裂隙椭抛带形态的相互关系。之后，林海飞、李树刚等[63]基于采动裂隙椭抛带观点，结合采动裂隙"O"形圈的基本特征，提出了采动裂隙圆矩梯台带的工程简化模型，并对其主要参数进行了研究。

张建等[64]研究了长壁采煤上覆岩层运动中离层的条件、存在过程及其与岩层结构和采矿条件的关系，提出了产生离层的覆岩结构类型。徐建国、苏仲杰等[65-66]以组合板变形的力学模型为基础指导，根据覆岩的层位、厚度及物理力学性质得出了定量计算离层位置的实用公式。赵德深等[67]揭示了采动覆岩中离层产生、发展与分布的时空规律，探讨了离层发展高度与工作面推进距离的关系、单一离层从产生到最大值直至消失的时间效应等规律。

刘洪永等[68]根据上覆岩层的破断和裂隙发育情况，研究了关键层下的离层裂隙带瓦斯通道的发育特征，并依据其内瓦斯的流动状态将上覆岩层瓦斯通道区域沿纵向由下到上分为瓦斯紊流、瓦斯过渡流和瓦斯渗流等三个不同的通道区。张勇等[69]运用断裂力学和岩石力学相关理论，结合煤岩层裂隙发育特征将工作面前方煤岩层瓦斯通道区域分为孤立通道区、张裂破坏区、剪切破坏区及支承压力峰值后破坏区。

刘洪涛等[70]采用深部位移自动监测仪和裂隙通道巡回摄录仪，进行理论分析和现场测试研究，得出了随工作面推进，顶板裂隙通道经历原生裂隙通道主导阶段及裂隙通道产生、扩张、成熟、闭合阶段的演化过程。高明忠等[71]借助改进后的本质安全型钻孔裂隙窥视仪，实时采集采煤工作面前方煤岩层裂隙网络随工作面推进的演化过程，结合分形几何理论与裂隙岩体连通率投影算法，揭示了采动影响下工作面前方裂隙网络演化分形特征及连通率变化规律。

1.3.2 瓦斯抽采原则及技术发展阶段

1.3.2.1 瓦斯抽采的原则

瓦斯抽采是一项集技术、装备和效益于一体的工作。因此，要做好瓦斯抽采工作，应注意以下几条原则：

(1) 瓦斯抽采应具有明确的目的性，即主要是降低风流中的瓦斯浓度，改善矿井生产的安全状况，并使通风处于合理和良好状况，因此应尽可能在瓦斯进入矿井风流之前将其抽采出来。在实际应用中，瓦斯抽采还可作为一项防治煤与瓦斯突出的措施单独应用。此外，抽采出的瓦斯又是一种优质能源，只要保持一定的抽采量和抽采浓度，就可加以利用，从而形成"以抽促用，以用促抽"的良性循环。

(2) 瓦斯抽采要有针对性，即针对矿井瓦斯来源，采取相应措施进行抽采。矿井瓦斯来源包括：本煤层瓦斯涌出(掘进和回采时的瓦斯涌出)；邻近层瓦斯涌出(上下邻近层的可采和不可采煤层的瓦斯涌出)；围岩瓦斯涌出和采空区瓦斯涌出(本煤层开采后遗留的煤柱、丢煤以及邻近层、围岩的瓦斯在采空区持续涌出)。这些瓦斯来源是构成矿井或采区瓦斯涌出量的主要组成部分。在瓦斯抽采中应根据这些瓦斯来源，考虑抽采地点、时间和空间条件，采取不同的抽采原理和方法，以便进行有效的瓦斯抽采。

(3) 要认真做好抽采设计、施工和管理工作等，以便获得好的瓦斯抽采效果。因此，在瓦斯抽采设计时，首先应了解清楚矿井地质、煤层赋存及开采等条件和矿井瓦斯方面的有关参数，并预测矿井瓦斯涌出量及其组成来源。在此基础上，选择合适的抽采方法，确定可靠的抽采规模，设计一套合理的抽采系统。此外，在抽采瓦斯的开始阶段，还应进行必要的有关参数考察测定，以确定合理的抽采工艺和参数；在正常抽采时，要全面加强管理，积累资料，不断总结经验，从而使瓦斯抽采工作得到不断改进和提高。

1.3.2.2　瓦斯抽采的技术发展阶段

随着煤炭工业技术的发展，我国煤矿瓦斯抽采技术不断提升和发展，大致经历了以下4个技术发展阶段。

(1) 高透气性煤层瓦斯抽采阶段

20世纪50年代初期，在高透气性特厚煤层中(如抚顺矿区)首次采用井下钻孔预抽煤层瓦斯，成功解决了矿区向深部发展过程中的瓦斯安全问题，获得了理想的效果。但由于当时对煤层透气性与瓦斯抽采效果间的关系认识不深，将该方法应用于透气性较小的矿井时效果较差。

(2) 邻近层卸压瓦斯抽采阶段

20世纪50年代中期，在开采煤层群矿井中，首先在阳泉矿区采用穿层钻孔抽采上邻近层瓦斯获得成功，解决了煤层群开采中首采工作面瓦斯涌出量大的问题。随后试验成功了顶板瓦斯高抽巷抽采上邻近层瓦斯的技术，并在不同煤层赋存条件下的上、下邻近层中取得了较好的应用效果。

(3) 低透气性煤层瓦斯强化抽采阶段

从20世纪60年代开始，由于在我国一些透气性较差的高瓦斯煤层及有突出危险的煤层采用通常的布孔方式预抽采瓦斯的效果不理想，试验研究了多种强化抽采开采煤层瓦斯的方法，如水力压裂、水力割缝、煤层注水、大直径(扩孔)钻孔、松动爆破、网格式密集布孔、预裂控制爆破以及交叉布孔等。在这些方法中，多数方法在试验区取得了提高瓦斯抽采量的效果，但大部分仍处于试验阶段。

(4) 综合瓦斯抽采阶段

20世纪80年代，随着普采、综采和综放采煤技术的发展和应用，采区巷道布置方式有了新的改变，采掘推进速度加快、开采强度增大，使工作面瓦斯涌出量大幅度增加，尤其是有邻近层的工作面。为解决安全高效工作面瓦斯涌出量大、瓦斯涌出源多的问题，须结合矿井地质条件及涌出情况，实施综合瓦斯抽采。综合瓦斯抽采就是把开采煤层瓦斯采前预抽、卸压瓦斯边采边抽及采后抽采等多种方法在同一采区、工作面内使用，采用该方法能够最大限度地利用时间及空间来提高瓦斯抽采量、抽采浓度及抽采率。

1.3.3　本煤层瓦斯抽采

本煤层瓦斯抽采，又称开采煤层瓦斯抽采，主要是抽采本煤层中的瓦斯，从而减少煤层中的瓦斯含量和回风风流中的瓦斯浓度，以确保矿井安全生产。在此基础上，通过提高瓦斯抽采浓度及抽采量，又可为抽采瓦斯的利用创造一定的条件。根据抽采时间与采掘关系，本煤层瓦斯抽采可分为采前预抽本煤层瓦斯和边采(掘)边抽本煤层瓦斯，此外，根据收集瓦斯的方式不同又可分为巷道抽采本煤层瓦斯和钻孔抽采本煤层瓦斯。

预抽本煤层瓦斯一般是属于未卸压煤层的瓦斯抽采，虽然掘进巷道或施工钻孔会造成局部卸压，但范围一般是有限的，特别是钻孔所引起的松动和卸压范围，也只是数倍钻孔直径的距离，所以在预抽本煤层瓦斯时，基本上仍按原始煤层条件下的瓦斯流动状态考虑。而煤层中瓦斯流动则是一个比较复杂的问题，根据煤本身多孔介质的特性，瓦斯在煤中的赋存状态，包括游离和吸附两种状态，在一定的瓦斯压力条件下，仅是游离状态的瓦斯可以流动，而吸附状态的瓦斯只有当瓦斯压力降低时，发生解吸后转为游离瓦斯才能参与瓦斯流动。因此，一般情况下，预抽本煤层瓦斯需要经历较长的时间才能达到预期的目的，其效果主要取决于从煤层向巷道或钻孔涌出瓦斯的强度和持续时间，这两者又取决于煤层中的瓦斯压力和透气性。瓦斯压力是煤层中瓦斯流动的动力或势能，透气性则是反映瓦斯在煤层中流动的难易程度。

1.3.3.1 巷道预抽本煤层瓦斯

巷道预抽本煤层瓦斯，一般是利用回采的准备巷道进行瓦斯抽采，即当采区煤巷施工完成后，将煤巷密闭起来，并插入管子进行瓦斯抽采，其瓦斯抽采工作在煤巷掘进以后和回采开始以前进行。该方法最早用于抚顺煤矿，根据抚顺煤矿的实践，抽采时间一般要 2 a 以上，以使回采时瓦斯涌出量有较大幅度的降低。

巷道预抽本煤层瓦斯的效果，在一定的煤层条件下与煤巷暴露的面积大小有关，同时与煤层的厚度和透气性能有关，如在抚顺煤矿、淮南谢二煤矿以及淮北芦岭煤矿进行过的巷道预抽本煤层瓦斯的效果都较好，这和上述煤矿的煤层为中厚及厚煤层、透气性较好有关。

巷道预抽本煤层瓦斯虽然是可行和有效的，但也存在以下几方面缺点：

① 在瓦斯抽采之前需先开掘抽采巷道，故而往往会遇到瓦斯涌出量大，给掘进工作造成困难。此时，即使采取加强通风、边掘边抽等措施，最终也会造成效率低、成本高的结果。

② 为了在一定时间内抽采出更多的瓦斯，往往需要多掘巷道，以增加煤壁暴露面积。这些巷道虽然大多数在生产时可以使用，但需要提前投资，而且为了防止巷道在瓦斯抽采期间发生坍塌，还需要加强支护。即使这样，经过较长时间的抽采后，这些巷道的冒顶和坍塌的情况往往仍较为严重，给以后修复和生产造成一定的困难。

③ 在掘进瓦斯抽采巷道期间，往往会有大量瓦斯涌出，这种情况下不仅会增加通风负担，而且还相应减少了瓦斯回收率，造成资源浪费。

④ 如果抽采巷道密闭不严，不仅会使抽采的瓦斯浓度偏低，而且易使煤层自然发火。

因此，是否选择巷道预抽本煤层瓦斯，需考虑以下几方面因素：

① 矿井的采掘布置方式。

② 巷道抽采瓦斯的有效范围。

③ 煤层的瓦斯含量及其储量大小。

④ 预计瓦斯抽采量及其抽采效益。

⑤ 预计瓦斯抽采时间。

瓦斯抽采的巷道布置基本上是根据采煤工作面的需要来安排的，所以在通常情况下，其巷道也应是回采的准备巷道。巷道预抽本煤层瓦斯的常用的巷道布置方式有两种：① 采区网络式布置;② 采区深部截取式布置。

1.3.3.2　钻孔预抽本煤层瓦斯

钻孔预抽本煤层瓦斯具有施工简便、成本低、瓦斯抽采浓度较高等的优点,在我国煤矿中得到了广泛的使用。目前,钻孔预抽本煤层瓦斯主要有两种布置方式,即穿层钻孔布置方式和顺层钻孔布置方式。当采用穿层钻孔预抽时,钻场可设置在底板岩层巷道或邻近煤层巷道中,向开采层施工穿层钻孔,经过抽采后再进入煤层进行采掘,从而可以解决掘进和采煤过程中的瓦斯问题。当采用顺层钻孔布置方式时,则一般是利用提前开掘出的采区煤巷,沿煤层施工顺层钻孔,经过抽采后再进行回采,以解决回采过程中的瓦斯涌出问题。

(1) 穿层钻孔布置方式

目前,在我国煤矿中采用穿层钻孔预抽煤层瓦斯的布置方式比较多,如抚顺矿区各煤矿、峰峰煤矿、淮南及淮北矿区各煤矿等。在穿层钻孔预抽中,钻孔直径在煤层透气性较好时一般为 75～120 mm,在煤层透气性较差时一般为 200～300 mm,钻孔布置的合理性则主要取决于钻孔瓦斯抽采的有效范围,研究表明,不同煤层条件下的抽采有效影响范围也有所不同,而共同的规律则是随着钻孔抽采时间的延长,可逐渐扩大有效影响范围,但到一定距离后将不再扩大。

(2) 顺层钻孔布置方式

在巷道进入煤层后,再沿煤层施工钻孔抽采本煤层瓦斯的方式为顺层钻孔布置方式,该方式可用于石门揭煤处、煤巷和采煤工作面。在我国煤矿中,采用较多的是在采煤工作面,主要是在工作面准备好后,在工作面的开切眼、进风巷道和回风巷道中均匀布置钻孔,抽采一段时间后再进行回采,以减少回采过程中的瓦斯涌出量。

1.3.3.3　边采(掘)边抽本煤层瓦斯

边采(掘)边抽本煤层瓦斯是在未经预抽或预抽时间不足的条件下,解决开采煤层采掘过程中瓦斯涌出问题的一种有效的抽采方法。实质上,该方法主要是利用采掘过程中造成的卸压作用抽采煤层中的瓦斯,以减少采掘过程中涌入回风风流中的瓦斯量。

(1) 边采(掘)边抽本煤层瓦斯的布置方式

① 边采边抽本煤层瓦斯的布置方式

边采边抽本煤层瓦斯在具体实施中,应根据不同煤层的赋存状态进行,如对厚煤层,可采用上抽上截式或顶板钻孔布置式,其顶板钻孔可根据巷道布置方式不同,而在煤巷或岩巷中开孔。这些抽采钻孔的服务时间一般较长,只要钻孔未被采穿,均可一直抽采。

采煤工作面布置的顺层预抽瓦斯钻孔,在工作面开始回采后,其前方的钻孔仍可继续抽采,这时可视为边采边抽,并且在实际抽采中往往会因卸压而使部分钻孔的瓦斯涌出量显著增大,其原因是在采煤工作面前方一定距离(10 m 左右)处会因受采场应力作用而呈现卸压状态,故而增加了瓦斯排出。当钻孔距离采煤工作面过近时,则又因煤层过分破碎,造成裂隙沟通,使钻孔进入大量空气,易使瓦斯抽采浓度过低而失去抽采价值。

② 边掘边抽本煤层瓦斯的布置方式

在煤巷掘进中,为了解决掘进工作面瓦斯涌出量大的问题,可采用边掘边抽的方式,利用巷道两帮的卸压条带,向巷道前方施工钻孔抽采瓦斯,其钻孔直径一般为 50～100 mm,钻孔深度在 200 m 之内。这种边掘边抽的方式,一方面可减少掘进工作面的瓦斯涌出量,另一方面通过抽采也可达到防止瓦斯突出的目的，因此在局部防突措施中往往也加以应用。

(2) 边采(掘)边抽本煤层瓦斯的适用条件

① 该方法是在采掘的同时抽采煤层中的瓦斯，因此不像巷道预抽那样受回采时间的限制，可适用于瓦斯涌出量大、时间紧、用巷道预抽不能满足要求的区域。

② 在抽采过程中，可借助于回采过程中的卸压作用，使抽采区域煤层松动，增大煤层的透气性，提高煤层瓦斯抽采效果。

③ 该方法是在采区采掘准备工作完成后(或采掘过程中)进行的，因此在实际应用中可根据采区各局部地点的瓦斯量大小，投入相应的边采(掘)边抽工程量，具有较强的针对性。因此，有利于解决生产中瓦斯涌出量大的问题。

1.3.4 采空区瓦斯抽采

在开采高瓦斯煤层，特别是开采厚煤层和煤层群时，从邻近层、煤柱及采掘空间丢失的煤中向采空区涌出大量瓦斯，尤其是近年来，随着开采强度及深度的不断增大，采空区面积日益增大，采空区瓦斯涌出量占矿井瓦斯涌出量的比例日益增大，一些矿井达到 40%～60%，这种状态对矿井的安全生产造成了很大的威胁。因此，一方面为了减少矿井瓦斯涌出量，提高矿井生产的安全性，另一方面也为了开发利用瓦斯资源，减少对地面大气环境的污染，采空区瓦斯抽采技术和装备得到迅速发展，一些矿井采空区瓦斯抽采量占矿井瓦斯抽采量的 60%～70%，采空区瓦斯抽采的地位逐渐上升。

根据矿井地质条件、煤层赋存状况、开拓方式和采区瓦斯涌出量大小等，采空区的瓦斯抽采方法有多种，举例如下。

(1) 密闭抽采采空区瓦斯

该方法是采空区瓦斯抽采最常用和最简单的方法，即首先将采空区或工作面的进风巷、回风巷均加以密闭，密闭厚度 1～3 m，灌以沙、尘粉、水泥等材料，保证密闭不漏风，然后将抽采管穿过回风巷的密闭墙，伸入采空区内进行抽采，伸入深度以 10 m 以上为好。抽采时，应对密闭区域内的气体成分、浓度、抽采负压等参数经常进行检测和控制，以防增大漏风引起采空区浮煤自燃。这种抽采方法抽采出的瓦斯浓度可达 25%～60%。

(2) 插管抽采采空区瓦斯

该方法是把带孔眼的管子在顶板垮落前插入采空区进行抽采，一般情况下，插入管子的直径为 75～100 mm，处在采空区内的一端长 2～3 m，管壁穿有小孔并用纱网包好，防止抽采中发生堵塞现象。该管应尽量靠近煤层顶部，处于瓦斯浓度较高的地点。这种抽采方法抽采出的瓦斯浓度一般不高，通常只有 10%～25%，故而一般抽采效率较低，但简单易行，而且成本低。

(3) 高位钻孔抽采采空区瓦斯

该方法要求钻孔孔底应处在垮落带上方及裂隙带下方，以抽采处于垮落带中上部卸压层、未开采的邻近层及下部卸压层涌向采空区中的瓦斯。钻孔开孔位置则可根据矿井实际条件，采用不同的布置方式。这种抽采方法抽采出的瓦斯浓度有时可达到 50%以上，具有较高的瓦斯浓度，钻孔的单孔瓦斯流量可达 2～4 m^3/min。

(4) 顶板高位抽采巷抽采采空区瓦斯

该方法要求高位抽采巷应处在覆岩裂隙带中，以抽采处于垮落带中上部、邻近层、采空区及上隅角中的瓦斯。巷道布置及抽采参数可根据矿井实际条件，采用不同的布置方式。

这种抽采方法抽采出的瓦斯浓度有时可达到50%以上，同样具有较高的瓦斯浓度，被大多数矿区普遍使用。

(5) 地面垂直钻孔抽采采空区瓦斯

该方法适用于开采深度较浅的高瓦斯煤层，一般要求开采深度小于400 m，条件适宜时可以从地面施工垂直钻孔抽采上邻近层和采空区瓦斯。一般要求在施工钻孔结束后，孔底距采煤工作面前方的距离不小于5～10 m，孔底距回风巷的距离由上邻近层距开采层的距离确定，当上邻近层距开采层的距离为20倍煤层厚度时，取10～15 m，20～40倍煤层厚度时，取15～40 m，大于40倍煤层厚度时，则取30～70 m。

1.4 研究内容及研究方法

1.4.1 研究内容

针对煤层瓦斯高效抽采及灾害综合防治技术研究，以天池煤矿为例，依托前人研究成果，运用理论分析、实验室实验、物理相似材料模拟实验、数值模拟实验及现场试验相结合的研究方法，对该矿各采区主采工作面煤层瓦斯赋存特征、煤层瓦斯基础参数、煤与瓦斯突出指标参数、工作面瓦斯涌出规律、工作面采动覆岩裂隙演化规律等方面开展分析与研究，获得针对天池煤矿的煤层采动前后瓦斯赋存及运移规律。基于此，指导天池煤矿开展采动卸压瓦斯抽采技术的实施，形成了适用于天池煤矿的瓦斯灾害综合防治技术模式，并对天池煤矿及其他类似矿井开展灾害防治提供理论依据及现场指导。主要研究内容如下：

(1) 煤层瓦斯赋存特征及基础参数测试

针对天池煤矿煤层瓦斯赋存状态及地质特征开展现场调研，总结得到天池煤矿煤层瓦斯赋存特征。采集天池煤矿各采区主采工作面的煤样，开展实验室实验，得到煤体坚固性系数、瓦斯放散初速度、吸附常数、瓦斯压力等煤层瓦斯基础参数。

(2) 工作面瓦斯涌出规律及影响因素研究

针对天池煤矿各采区主采煤层赋存特征、覆岩赋存特征及回采工艺开展现场调研，分析得出工作面瓦斯涌出来源及构成，同时运用分源预测法对掘进工作面及采煤工作面瓦斯涌出量进行预测。对各采区主采工作面掘进及回采过程开展连续实时观测，分析工作面瓦斯涌出量与日产量、日推进距离、配风量、开采工序、抽采量、矿山压力等影响因素之间的关系。

(3) 采动卸压瓦斯抽采技术研究

针对天池煤矿各采区主采工作面采动覆岩裂隙演化特征及基本顶破断演化特征开展物理相似材料模拟实验、数值模拟实验及现场试验等，得出该矿不同工作面及回采工艺条件下的覆岩裂隙演化规律及"三带"高度分布特征，确定适合于该矿的卸压瓦斯抽采技术，并利用数值模拟实验及现场试验等手段，研究不同抽采系统布置及抽采参数条件下采空区瓦斯运移规律，从而形成适用于该矿的采动卸压瓦斯抽采模式。

1.4.2 研究方法

采用理论分析、实验室实验、物理相似材料模拟实验、数值模拟实验及现场试验相结合的研究方法，进行定性定量分析，即通过现场调研，从了解天池煤矿煤岩层及瓦斯赋存规律、地质构造分布特征等入手，利用煤层瓦斯基础参数测试设备，得出天池煤矿各采区主采工作面煤体瓦斯基础参数；通过理论分析及现场试验，得出工作面瓦斯涌出量来源、构成及与各影响因素之间的关系；通过物理相似材料模拟实验、数值模拟实验，研究了工作面采动覆岩裂隙演化及“三带”高度分布特征，进一步确定工作面采动卸压瓦斯抽采技术及布置参数；综合建立适用于天池煤矿的瓦斯防治技术。本书的研究结果将对天池煤矿及其他类似矿井开展灾害防治提供理论依据及现场指导。

2 矿井地质及生产概况

2.1 自 然 地 理

2.1.1 地形地貌

本矿井属山地丘陵地貌，总体地势为中间高、两边低，北部高、南部低。地表大部分被松树林、灌木林覆盖，局部地段有黄土盖层。区内地表最高点标高为+1 710 m，最低点标高为+1 350 m，最大相对高差为360 m。

2.1.2 气象

和顺县属温带大陆性气候，冬春干旱多风，夏秋温和多雨，全年夏短冬长，主要气象要素特征如下：

气温：年平均气温为6.3 ℃，其中一月气温最低，平均为－9.2 ℃，极端最低气温为－32.1 ℃，7月气温最高，平均为19.3 ℃，极端最高气温为35 ℃。

雨量：年平均降雨量为592.8 mm，最大年降雨量为1 069 mm，最大日降雨量为136.3 mm，雨季一般为7、8月份，其降雨量占年降雨量的50.5%。

蒸发量：年平均蒸发量为1 622.8 mm，其中4—7月蒸发量最大，最大年蒸发量为1 874.1 mm，最低年蒸发量为1 180.06 mm。

风向、风速：年主导风向为西南风，冬季多西风，夏季多西南风，年平均风速为2.2 m/s。

霜期、冰冻期：一般初霜期始于9月，终霜期为次年5月中旬，年平均无霜期132 d，最大冻土深度为110 cm。

2.1.3 地震

根据山西省地震局资料，将和顺县划为7级基本烈度区。据历史记载资料，和顺县在1721年、1730年和1909年发生过5级以下地震；据和顺县地震站资料，和顺县在1967年发生过4.5级地震，1971—1974年地震频繁、震次（包括微震）达1 100余次，其中最大震级为4.4级（1971年）。

2.2 地层及含煤地层

2.2.1 地层

矿井范围内赋存的地层包括奥陶系峰峰组、石炭系本溪组、石炭系～二叠系太原组、二叠系山西组、二叠系下石盒子组、二叠系上石盒子组和第四系等。矿井内大多被第四系黄土覆盖，基岩呈半裸露状，出露地层为二叠系上石盒子组、下石盒子组。现结合钻孔揭露情况，对矿井内的地层由老至新描述如下。

（1）峰峰组

矿井内的所有钻孔均未钻达峰峰组底界，钻孔揭露的最大厚度为 163.90 m。岩性主要为灰白色、青灰色、深灰色厚层状含燧石结核隐晶质石灰岩，淡黄色白云岩，灰黄色白云质石灰岩（即俗称的豹皮状石灰岩）和泥灰岩等，且顶部往往因铁质侵染呈褐红色，局部发育缝合线构造。此外，峰峰组岩溶发育，在矿井内形成了大量陷落柱。

（2）本溪组

本溪组与下伏峰峰组石灰岩侵蚀面呈平行不整合接触，为海陆交互相沉积地层。岩性主要为深灰色、灰黑色砂质泥岩和灰色铝质泥岩等，夹 1～3 层薄层海相石灰岩，且局部含铝土岩和黄铁矿结核。底部为灰色含黄铁矿铝质泥岩，是石炭系和下伏奥陶系的分界标志层，即 G 层铝质泥岩。本溪组厚度为 13.97～30.00 m，平均为 21.11 m。

（3）太原组

太原组是矿井内的主要含煤地层之一，与下伏本溪组呈整合接触，为海陆交互相含煤地层，零星出露于矿井东南部边缘。岩性主要为灰黑色、深灰色泥岩、砂质泥岩、砂岩夹石灰岩和煤等，共含 K_2、K_3、K_4、K_5、K_6 等 5 层石灰岩，可分为上、中、下三段。太原组厚度为 76.00～164.97 m，平均为 140.33 m。

（4）山西组

山西组也是矿井内的主要含煤地层之一，与下伏太原组呈整合接触，为海陆交互相含煤地层，零星出露于矿井东部边缘。岩性主要为深灰色、灰黑色细砂岩、粉砂岩、砂质泥岩、泥岩、碳质泥岩和煤层等，且下部偶含透镜状薄层石灰岩。底部为灰色、灰白色石英砂岩或长石石英砂岩（K_7，北岔沟砂岩），是山西组和下伏太原组的分界标志层。山西组厚度为 13.50～114.16 m，平均为 65.92 m。

（5）下石盒子组

下石盒子组与下伏山西组呈整合接触，为陆相沉积地层，出露于矿井东部。下部岩性主要为灰白色、灰黑色中粗砂岩，夹有灰色粉细砂岩及灰色、深灰色泥岩，局部夹灰色、灰绿色铝质泥岩，且底部为骆驼脖子砂岩（K_8），是下石盒子组底界的分界标志层。上部岩性主要为灰白色、灰黑色、灰绿色砂岩和灰黑色泥岩，夹有杂色泥岩，且顶部普遍发育一层灰色、浅紫色、褐黄色等杂色铝质泥岩，俗称“桃花泥岩”，亦为矿井内的重要标志层。下石盒子组厚度为 0～247.70 m，平均为 98.29 m。

（6）上石盒子组

上石盒子组与下伏下石盒子组呈整合接触，出露于矿井中西部。下部岩性主要为灰绿色、紫红色、杏黄色砂质泥岩、泥岩及灰白色、黄绿色、灰绿色砂岩，中部为浅黄色、绿黄色厚层中粗砂岩，上部为紫红色、蓝灰色、黄绿色泥岩、砂质泥岩间夹灰绿色、黄绿色砂岩。上石盒子组在矿井内赋存不全，最大残留厚度为 0～325.79 m，平均为 124.88 m。

（7）第四系（Q）

第四系在矿井内分布较普遍，与下伏地层呈不整合接触。岩性一般为风成黄土及砂土、砾石等冲洪积层，厚度为 0～72.70 m，平均为 13.56 m。

2.2.2 含煤地层

矿井内山西组和太原组为主要含煤地层，地层平均总厚度为 206.25 m，含 31 层煤层，煤层平均总厚度为 16.89 m，含煤系数为 8.19%。其中山西组平均厚度为 65.92 m，矿井范围内含 1、$2_{上}$、2、$2_{下}$、$2_{下①}$、$3_{上}$、$3_{上①}$、$3_{上②}$、3、$3_{下}$、$3_{下①}$、4、6 等共计 13 层煤层，煤层平均厚度为 4.78 m，含煤系数为 7.25%。太原组平均厚度为 140.33 m，矿井范围含 $8_{上}$、8、$8_{下}$、$9_{上}$、9、$10_{上}$、10、$10_{下}$、$11_{上}$、11、12、13、14、$14_{下}$、$14_{下①}$、15、$15_{下}$、16 等共计 18 层煤层，煤层平均厚度为 12.11 m，含煤系数为 8.63%。矿井内可采煤层有两层，即 3 煤层和 15 煤层，平均厚度分别为 0.93 m 和 4.46 m，共占煤层平均总厚度的 31.91%，可采含煤系数为 2.61%。可采煤层中 15 煤层条件最好，厚度大而且稳定，是开采的主要对象，如表 2-1 所列。

表 2-1 可采煤层特征一览表

煤层	厚度/m	稳定程度	煤层结构	夹石			可采情况	煤层标高/m
				岩性及形态	厚度/m	部位		
3	$\frac{0\sim2.39}{0.93}$	较稳定	简单	泥岩 透镜状	$\frac{0\sim0.51}{0.23}$	中西部 补 5 号钻孔一带	局部可采	$\frac{+131.80\sim+155.35}{+146.32}$
15	$\frac{0.45\sim7.60}{4.46}$	稳定	简单～ 较复杂	泥岩 薄层状 透镜状	$\frac{0\sim0.85}{0.52}$	北部 中东部 东南部	绝大部 可采	$\frac{+122.83\sim+156.33}{+144.57}$

2.3 水文地质及地质构造

2.3.1 水文地质

区域内主要河流有阳胜河、昔阳川、清漳河，支流有和顺河及左权河，均属季节性河流，是该区地下水的主要补给来源。

大气降水通过基岩裂隙可直接渗入补给深部含水层，而地下水的排泄以水井取水、泉、矿井排水为主。本地区供水水井主要分布在第四系冲积层内，为第四系孔隙含水层的主要排泄方式。二叠系及石炭系砂岩裂隙含水层除个别水井取水外，主要以泉及矿井排水的形式排泄。

地下水以和顺县青城镇为分水岭，分水岭以南较大的排泄泉有 340 号龙洞泉、302 号海眼寺泉、313 号水坡泉、323 号熟山各泉等，分水岭以北较大的排泄泉有娘子关泉、东固壁泉等。

区域内断层不甚发育，地下水通过断层进行补给、排泄的可能性不大。

2.3.2 地质构造

沁水盆地在构造上属于吕梁山—太行山断块上最大的次级构造单元——沁水块坳，总体呈北北东向展布，主体为一大型复向斜。其东侧以晋获断裂带与太行山块隆相接，矿井就位于沁水块坳与太行山块隆的接壤部位，区域构造线方向为 NNE 向，地层总体向 NNW 倾斜。区域构造形态大致可分为东部以大逆断裂为主的太行山断裂带，中部平缓开阔的波状褶皱带及西中部密集型的断裂区，矿井则位于波状褶皱带的东部。

矿井地质构造较简单，地层总体呈走向北东、倾向北西的单斜构造，倾角平缓，一般在15°左右。在此基础上，发育有小的褶皱、断层及陷落柱。

(1) 褶皱

矿井内主要发育与地层倾向近于平行的NW-NWW向宽缓褶皱，其次为与地层走向近于平行的NE-NNE向宽缓或膝状褶皱，具体如表2-2所列。

表2-2　勘探期间褶曲情况表

褶曲名称	轴向/(°)	长度/m	宽度/m	幅度/m	控制工程
窑堤村西背斜	25	1 400	180	5～10	其轴部穿过413号钻孔，向东至415号钻孔附近消失
北狗蹄凹背斜	30	1 590	350	20	其轴部穿过补2号钻孔，向北至414号钻孔附近消失，向南至415号钻孔附近消失
天池寺背斜	135(东部) 70(西部)	1 290	170	15	二采区三维地震
东远佛背斜	160	900	230	15	二采区三维地震
窑堤村西向斜	25	1 200	230	5～10	二采区三维地震
东远佛向斜	150	1 300	320	15	二采区三维地震
东远佛南向斜	165	855	220	10	二采区三维地震
天池寺向斜	150	500	200	10	二采区三维地震
天池寺西向斜	120	650	150	10	二采区三维地震

(2) 断层

通过地质勘探、地震勘探和井下揭露，矿井内发现的断层共计37条。其中，正断层32条，逆断层5条；落差小于5 m、5～10 m和大于10 m的断层条数分别为12条、9条和17条，如表2-3所列。

表2-3　矿井断层落差分类表

断层落差/m	断层编号	数量/条
>10	F_{1-1}、F_{1-2}、F_{1-3}、F_{1-5}、F_{1-6}、F_{2-6}、F_{2-10}、F_{2-11}、F_{2-14}、F_{2-15}、F_{2-16}、F_{2-17}、F_{2-19}、F_{2-22}、F_{2-23}、F_{2-24}、F_{2-26}	17
5～10	F_{2-4}、F_{2-5}、F_{2-7}、F_{2-8}、F_{2-9}、F_{2-18}、F_{2-20}、F_{2-26}、F_{1-3}	9
<5	F_{1-4}、F_{1-7}、F_{1-8}、F_{1-9}、F_{1-10}、F_{2-1}、F_{2-2}、F_{2-3}、F_{2-12}、F_{2-13}、F_{2-21}、F_{2-22-1}	12

对落差大于10 m的主要断层描述如下：

F_{1-1}正断层：地面填图时发现，位于矿井东部边界为正断层，北西盘下降、南东盘上升，走向35°，倾向305°，倾角65°～78°，最大落差25 m。此断层在井下被揭露，证实其存在。2007年5月矿井边界调整时，该断层已经在矿井范围之外。

F_{1-2}逆掩断层：位于3号井一下山口至二上山口东约60 m处，走向15°，局部稍向东偏转，倾向SE，倾角20°～25°，断层东侧上盘15煤层与西侧下盘15煤层顶板砂岩接触，垂直断距 6.3～12.0 m，水平断距 14 m，井下可见走向延伸 550 m，东北方向延伸不详。

F_{1-3}逆掩断层：位于 3 号井一下山口西约 74 m 处，走向 15°，延伸 260 m，倾向 SE，倾角 20°～30°，断层东侧上盘 15 煤层与西侧下盘 15 煤层顶板砂岩接触，垂直断距 5～8 m，水平断距 8～10 m。

F_{1-5}逆掩断层：位于一采区东南部边缘，15 煤层底板平面控制长度 610 m，走向 25°，倾向 115°，倾角约 24°，落差 0～17 m，3 煤层没有错断，控制较可靠。该断层在一采区 101 工作面开拓和开采时均遇到，走向转为近 NS 向，在采区内延伸约 260 m。

F_{1-6}逆断层：位于一采区 101 工作面东南边缘中部，走向 5°，倾向 95°，倾角 80°，落差 0～17 m，在 101 工作面运输巷开拓时遇到，控制可靠。该断层南部与 F_{1-5}逆掩断层交汇，延伸长度 280 m。

F_{2-6}正断层：位于二采区南部(405 号钻孔西 280 m 处)，走向近 NNW-NNE，倾向 SWW-NWW，倾角 68°，落差 0～20 m，北端尖灭，南端与 X_{2-4}陷落柱相连，控制长度 300 m 左右。三维地震中 6 条地震线 6 个 A 级断点控制断层，时间剖面上反映为 T_{K3}、T_{K2}、T_{15}反射波错断明显，断点清晰，控制可靠。

F_{2-10}正断层：位于二采区西南部边界附近，走向 NE，倾向 SE，倾角 71°，断层落差 0～10 m，东、西两端尖灭，控制长度 670 m 左右。三维地震中 21 条地震线 11 个 A 级、8 个 B 级、2 个 C 级断点控制断层，时间剖面上反映为 T_3、T_{K3}、T_{K2}、T_{15}反射波错断明显，断点清晰，控制可靠。

F_{2-11}正断层：位于二采区西南部(405 号钻孔西北 600 m 处)，走向 NWW-N，倾向 NNE-E，倾角 69°，落差 0～10 m，两端尖灭，控制长度 265 m 左右。三维地震中 8 条地震线 7 个 A 级、1 个 B 级断点控制断层，时间剖面上反映为 T_{K3}、T_{K2}、T_{15}反射波错断明显，断点清晰，控制可靠。

F_{2-14}正断层：位于二采区东部偏南(405 号钻孔东北 500 m 处)，走向 NE，倾向 NW，倾角 71°，落差 0～11 m，两端尖灭，控制长度 230 m 左右。三维地震中 7 条地震线 6 个 A 级、1 个 C 级断点控制断层，时间剖面上反映为 T_{K3}、T_{K2}、T_{15}反射波错断明显，断点清晰，控制可靠。

F_{2-15}正断层：位于二采区中部偏南(410 号钻孔东 475 m 处)，走向 NNE，倾向 NWW，倾角 68°，落差 0～15 m，两端尖灭，控制长度 370 m 左右。三维地震中 12 条地震线 11 个 A 级、1 个 B 级断点控制断层，时间剖面上反映为 T_{K3}、T_{K2}、T_{15}反射波错断明显，断点清晰，控制可靠。

F_{2-16}正断层：位于二采区中西部边界(补 4 号钻孔附近)，走向 NNE，倾向 SEE，倾角 69°，落差 0～15 m，两端尖灭，控制长度 380 m 左右。三维地震中 11 条地震线 9 个 A 级、1 个 B 级、1 个 C 级断点控制断层，时间剖面上反映为 T_3、T_{K3}、T_{K2}、T_{15}反射波错断明显，断点清晰，控制可靠。

F_{2-17}正断层：位于二采区中西部偏北(东远佛村东附近)，走向近 NNE，倾向 NWW，倾角 70°，落差 0～15 m，南端尖灭，北端与 X_{2-11}陷落柱相连，控制长度 270 m 左右。三维地震中 8 条地震线 7 个 A 级、1 个 C 级断点控制断层，时间剖面上反映为 T_{K3}、T_{K2}、T_{15}反射波能量变化、错断明显，断点清晰，控制可靠。

F_{2-19}正断层：位于二采区中西部偏北(东远佛村东 420 m 附近)，走向近 NNW，倾向

SWW,倾角70°,落差0～10 m,两端尖灭,控制长度140 m左右。三维地震中6条地震线6个A级断点控制断层,时间剖面上反映为T_3、T_{K3}、T_{K2}、T_{15}反射波能量变化、错断明显,断点清晰,控制可靠。

F_{2-22}正断层:位于二采区中北部(后窑堤村北500 m处),走向NE,倾向SE,倾角69°,落差0～10 m,两端尖灭,控制长度280 m左右。三维地震中9条地震线8个A级、1个C级断点控制断层,时间剖面上反映为T_3、T_{K3}、T_{K2}、T_{15}反射波错断明显,断点清晰,控制可靠。

F_{2-23}正断层:位于二采区中北部(后窑堤村北500 m处),走向NE,倾向SE,倾角72°,落差0～10 m,两端尖灭,控制长度315 m左右。三维地震中10条地震线8个A级、2个C级断点控制断层,时间剖面上反映为T_3、T_{K3}、T_{K2}、T_{15}反射波错断明显,断点清晰,控制可靠。

F_{2-24}正断层:位于二采区西北角边界附近,走向NEE,倾向NNW,倾角71°,落差0～18 m,北端尖灭,南端伸出区外,控制长度300 m左右。三维地震中12条地震线11个A级、1个C级断点控制断层,时间剖面上反映为T_3、T_{K3}、T_{K2}、T_{15}反射波能量变弱、错断明显,断点清晰,控制可靠。

F_{2-26}正断层:位于二采区中北部(313号钻孔东南500 m处),走向近NNE-NE,倾向NWW-NW,倾角70°,落差0～16 m,北端尖灭,南端与X_{2-17}陷落柱相连,控制长度250 m左右。三维地震中9条地震线8个A级、1个C级断点控制断层,时间剖面上反映为T_{K3}、T_{K2}、T_{15}反射波能量变弱、错断明显,断点清晰,控制可靠。

此外,前期地质勘探确定的F_1正断层(建井和矿井地质报告中均为F_2断层),位于二采区西南部,但无论勘探或是补勘钻孔都未能有效控制该断层,而且在二采区三维地震勘探中也没有明显反映,因此该断层存在的可靠性不高,但在开采时仍需注意。

(3) 陷落柱

矿井内陷落柱发育,对煤炭开采带来不利影响。综合以往地质勘探,一采区、二采区三维地质勘探、补充勘探和井巷揭露成果,区内共计发现38个陷落柱。这38个陷落柱全部破坏了15煤层,其中23个同时切穿15煤层。

2.4 开拓方式及采区划分

2.4.1 开拓方式

矿井采用斜井开拓方式,矿井通风为“四进一回”,即专用进风井、副斜井、行人斜井和主斜井担负进风,回风立井担负全矿井回风。其中主斜井敷设1.2 m带宽的大倾角带式输送机运煤,井下现有三个井底煤仓;副斜井敷设双轨,采用双滚筒绞车担负材料、设备(包括综采支架和长材料)的辅助提升,行人斜井用于安设猴车乘人与配风;进风斜井为专用进风井;回风立井为专用回风井。

2.4.2 采区划分

本着合理布局、集中生产,并保证采场接续的原则,结合开采技术条件和采煤方法,采区划分如下:

+1 240 m水平(3煤层)采区划分:3煤层划分5个采区,其中,+1 240 m水平以上为六、八采区,+1 240 m水平以下由南向北依次为五、七、九采区。

+1 150 m水平(15煤层)采区划分:15煤层划分为一、二、三、四共4个采区,均为单翼采区，其中，+1 150 m 水平以上为一、三采区，+1 150 m 水平以下为二、四采区。根据矿井的开拓布局，4 个采区均不存在反向运输。

2.4.3 工作面开采及采空区顶板管理方法

本项目主要对太原组 15 煤层进行试验研究，各工作面煤层厚度在 0～5.71 m 之间，主要集中在 4.50 m 左右，倾角 1°～16°，平均 8°。其中 401、402、405 工作面采用放顶煤采煤法，301、302 工作面采用走向长壁综合机械化一次采全高采煤法，工作面自开切眼后退式开采，各主采工作面均用全部垮落法管理顶板，如表 2-4 所列。

表 2-4 各工作面概况

工作面名称	煤层厚度	煤层倾角	基本顶	直接顶	基本底	瓦斯含量	回采方法	顶板管理办法
401 综放工作面	3.30～5.15 m，平均 4.42 m	6°～16°，平均 14°	6.42～9.51 m 厚的中砂岩	0.10～2.40 m 厚的泥岩	15.50～27.10 m 厚的砂质泥岩	6.05 m^3/t	放顶煤采煤法	直接垮落法
202 综放工作面	0～4.14 m，平均 3.78 m	1°～10°，平均 5.5°	—	—	—	—	—	直接垮落法
301 综放工作面	4.58～5.71 m，平均 5.10 m	1°～15°，平均 8°	—	—	—	—	走向长壁综合机械化一次采全高采煤法	全部垮落法
402 综放工作面	4.05～4.86 m，平均 4.50 m	3°～15°，平均 7°	4.90～15.82 m 厚的中砂岩	2.38～3.20 m 厚的泥岩	2.67～4.38 m 厚的粉泥岩	—	放顶煤采煤法	全部垮落法
405 综放工作面	3.89～5.69 m，平均 4.70 m	2°～16°，平均 9°	—	—	—	14.00～16.00 m^3/t	放顶煤采煤法	全部垮落法
302 综采工作面	3.56～5.68 m，平均 4.50 m	—	—	泥岩	—	7.80 m^3/t	走向长壁综合机械化一次采全高采煤法	全部垮落法

3 煤层瓦斯基础参数测试

3.1 瓦斯含量测试

3.1.1 测试仪器设备介绍

煤样罐(内径大于 60 mm,容积足够装煤样 400 g 以上,可以在 1.5 MPa 气压下保持气密性),秒表,常压自然解吸测试装置,粉碎机,天平(量程不小于 1 000 g,感量不大于 1 g),空盒气压计,温度计(0～50 ℃)。

3.1.2 测试方案

通过向煤层施工钻孔取煤屑,及时放入煤样罐中密封;然后用常压自然解吸测试装置测量煤样罐中煤芯的瓦斯解吸速度及解吸量,并以此来计算瓦斯损失量 Q_{a1};把煤样罐带到实验室然后在常压自然解吸测试装置上测量从煤样罐中释放出的瓦斯量,与井下测量的瓦斯解吸量一起计算煤芯瓦斯解吸量 Q_{a2};将煤样罐中的部分煤样经天平称重后装入密封的粉碎机加以粉碎,测量在粉碎过程及粉碎后一段时间所解吸出的瓦斯量(常压下),并以此计算粉碎瓦斯解吸量 Q_{a3};求取可解吸瓦斯含量 Q_m:瓦斯损失量、煤芯瓦斯解吸量和粉碎瓦斯解吸量之和就是可解吸瓦斯含量,即 $Q_m=Q_{a1}+Q_{a2}+Q_{a3}$。

3.1.3 采样与制样

(1) 井下解吸

① 采样钻孔布置:同一地点应布置两个采样钻孔,间距不小于 5 m。

② 在石门或岩石巷道可打穿层钻孔采煤样,在新暴露的煤巷中应首选煤芯采取器(简称“煤芯管”)或其他定点采样装置定点采集煤样。

③ 记录 4 个时间及大气压、温度、采样地点和煤样编号。

a. 停钻时间:钻进到取芯位置停钻时间。

b. 取芯开始时间:开始钻进取芯时间。

c. 取芯结束时间:开始退钻时间。

d. 开始解吸时间:煤样罐与常压自然解吸测试装置上的解吸管相连的时间。

④ 打开出气阀门前准确记录常压自然解吸测试装置液面(凹液面)刻度并作为初始刻度,打开阀门瞬间待气体涌出后迅速记录液面刻度并作为 0 min 刻度,同时打开秒表计时,然后每一分钟记录液面刻度一次,直至 30 min 结束;当解吸瓦斯量达到常压自然解吸测试装置最大量程的 85%时,关闭常压自然解吸测试装置阀门重新灌水后继续解吸。30 min 内解吸瓦斯量用以推算瓦斯损失量 Q_{a1},解吸 30 min 后常压自然解吸测试装置液面刻度与初

始刻度之差即为井下瓦斯解吸量 Q_{a21}。

(2) 地面实验室解吸(记录实验室大气压和温度)

将井下装好的煤样罐与常压自然解吸测试装置相连,记录初始刻度后缓慢打开煤样罐阀门观察解吸量大小(1 min 内解吸量小于 5 mL/min 则地面解吸终止),并记录终止刻度,得出释放出的瓦斯量 Q_{a22},Q_{a22} 与井下瓦斯解吸量 Q_{a21} 之和即为煤芯瓦斯解吸量 Q_{a2}。

(3) 粉碎解吸

提取煤样罐中的煤样进行称重(在称重前先观察煤样的破坏类型),并在称重后的煤样中称取两份相同质量(100～120 g)的煤样,同时把这两份煤样分别放入粉碎机粉碎 2～3 min(如果粉碎停止还有气泡冒出,再粉碎 20～30 s),然后记录初始刻度与终止刻度,得出粉碎瓦斯解吸量 Q_{a3}。

3.1.4 测试结果

瓦斯含量测试结果如表 3-1 所列,由表可知:401 工作面瓦斯含量为 6.05 m^3/t;302 工作面瓦斯含量为 7.12 m^3/t;602 工作面瓦斯含量为 7.56 m^3/t。

表 3-1　瓦斯含量测试结果

工作面编号	采样地点	瓦斯含量/(m^3/t)
401 工作面	15 煤层	6.05
302 工作面	15 煤层	7.12
602 工作面	602 回风巷	7.56

3.2 坚固性系数测试

3.2.1 测试仪器设备介绍

捣碎筒,计量筒,分样筛(孔径 20 mm、30 mm 和 0.5 mm 各一个),天平(最大量程 1 000 g,感量 0.5 g),小锤,重锤(2.4 kg),漏斗,容器。

3.2.2 采样与制样

(1) 沿新暴露的煤层的上、中、下部各采取块度为 10 cm 左右的煤样 2 块,在地面打钻采样时应沿煤层的上、中、下部各采取块度为 10 cm 的煤芯 2 块。煤样采出后应及时用纸包住并浸蜡封固(或用塑料袋包严),以免风化。

(2) 煤样要附有标签,并注明采样地点、层位、时间等。

(3) 在煤样携带、运送过程中应注意不得摔碰。

(4) 把煤样用小锤制成 20～30 mm 的小块,用孔径 20 mm 或 30 mm 的筛子筛选。

(5) 称取制备好的煤样,以 50 g 为 1 份试样,每 5 份为 1 组,共称取 3 组。

3.2.3 测试步骤

(1) 将捣碎筒放置在水泥地板或 2 cm 厚的铁板上,放入试样 1 份,将 2.4 kg 重锤提高到 600 mm 高度,使其自由下落冲击试样,每份冲击 3 次,把 5 份捣碎后的试样装在同一容器中。

(2) 把每组(5 份)捣碎后的试样一起倒入孔径 0.5 mm 的分样筛中筛分,筛至不再漏下煤粉为止。

(3) 把筛下的煤粉用漏斗装入计量筒内,轻轻敲打使之密实,然后轻轻插入具有刻度的活塞尺与筒内粉末面接触,并在计量筒筒口相平处读取数值 l(即粉末在量筒内实际测量高度,读至毫米)。

当 $l \geqslant 30$ mm 时,冲击次数 n,即可定为 3 次,按以上步骤继续进行其他各组测试。

当 $l < 30$ mm 时,第 1 组煤样作废,每份冲击次数 n 改为 5 次,按照以上步骤进行冲击、筛分和测量,仍以每 5 份为 1 组,测量煤粉高度 l。

3.2.4 坚固性系数计算

坚固性系数按下式计算:

$$f = 20n/l \tag{3-1}$$

式中 f——坚固性系数;

n——每份试样的冲击次数,次;

l——每组试样筛下煤粉的计量高度,mm。

测试平行样 3 组(每组 5 份),取算术平均值,计算结果取 1 位小数。

如果取得煤样的粒度达不到测试 f 值的要求(20～30 mm),可采取粒度为 1～3 mm 的煤样按上述要求进行测试,并按下式换算:当 $f_{1\sim3} > 0.25$ 时,$f = 1.57 f_{1\sim3} - 0.14$;当 $f_{1\sim3} \leqslant 0.25$ 时,$f = f_{1\sim3}$。其中 $f_{1\sim3}$ 是粒度为 1～3 mm 的煤样的坚固性系数。

3.2.5 测试结果

坚固性系数测试结果如表 3-2 所列,由表可知:401 工作面硬煤坚固性系数为 0.467～0.694,软煤坚固性系数为 0.235～0.297;202 工作面硬煤坚固性系数为 0.477～0.526,软煤坚固性系数为 0.164～0.362;301 工作面硬煤坚固性系数为 0.542～0.635,软煤坚固性系数为 0.350～0.465;405 工作面硬煤坚固性系数为 0.542～0.652,软煤坚固性系数为 0.265～0.328;302 工作面硬煤坚固性系数为 0.370～0.480,软煤坚固性系数为 0.130～0.240。

表 3-2 坚固性系数测试结果

工作面编号	采样地点	坚固性系数
401 工作面	401 工作面 40# 架处(硬煤分层)	0.542
	401 工作面 48# 架处(硬煤分层)	0.528
	401 工作面 80# 架处(硬煤分层)	0.550
	401 工作面 83# 架处(硬煤分层)	0.467
	401 工作面 107# 架处(硬煤分层)	0.609
	401 工作面 120# 架处(硬煤分层)	0.694
	401 工作面 80# 架处(软煤分层)	0.235
	401 工作面 82# 架处(软煤分层)	0.297
202 工作面	202 进风巷距开切眼 50 m 处(硬煤分层)	0.526
	202 进风巷距开切眼 188 m 处(硬煤分层)	0.510
	202 回风巷距开切眼 50 m 处(硬煤分层)	0.494

表 3-2(续)

工作面编号	采样地点	坚固性系数
202 工作面	202 回风巷距开切眼 350 m 处(硬煤分层)	0.477
	202 进风巷距开切眼 200 m 处(软煤分层)	0.235
	202 进风巷距开切眼 350 m 处(软煤分层)	0.164
	202 进风巷距开切眼 500 m 处(软煤分层)	0.222
	202 回风巷距开切眼 200 m 处(软煤分层)	0.362
	202 回风巷距开切眼 500 m 处(软煤分层)	0.242
301 工作面	301 进风巷距开切眼 490 m 处(硬煤分层)	0.562
	301 进风巷距开切眼 820 m 处(硬煤分层)	0.564
	301 进风巷距开切眼 1 140 m 处(硬煤分层)	0.546
	301 回风巷距开切眼 1 560 m 处(硬煤分层)	0.635
	301 回风巷距开切眼 280 m 处(硬煤分层)	0.542
	301 回风巷距开切眼 310 m 处(硬煤分层)	0.577
	301 回风巷距开切眼 50 m 处(软煤分层)	0.452
	301 回风巷距开切眼 135 m 处(软煤分层)	0.465
	301 回风巷距开切眼 175 m 处(软煤分层)	0.350
405 工作面	405 进风巷距开切眼 150 m 处(硬煤分层)	0.552
	405 进风巷距开切眼 300 m 处(硬煤分层)	0.552
	405 进风巷距开切眼 450 m 处(硬煤分层)	0.609
	405 进风巷距开切眼 600 m 处(硬煤分层)	0.652
	405 回风巷距开切眼 150 m 处(硬煤分层)	0.550
	405 回风巷距开切眼 300 m 处(硬煤分层)	0.542
	405 进风巷距开切眼 50 m 处(软煤分层)	0.297
	405 回风巷距开切眼 450 m 处(软煤分层)	0.265
	405 回风巷距开切眼 600 m 处(软煤分层)	0.328
302 工作面	302 回风巷距开切眼 50 m 处(硬煤分层)	0.480
	302 进风巷距开切眼 200 m 处(硬煤分层)	0.370
	302 进风巷距开切眼 50 m(软煤分层)	0.130
	302 回风巷距开切眼 200 m(软煤分层)	0.240

3.3 瓦斯放散初速度测试

3.3.1 测试仪器设备介绍

瓦斯放散初速度测试仪,真空泵,甲烷瓶(浓度大于 95%),分样筛(孔径 0.20 mm、0.25 mm 各 1 个),天平(最大量程 250 g,感量 0.5 g),小锤,漏斗,汞柱计。

3.3.2 采样与制样

(1) 采样

在煤层新暴露面上采取煤样 250 g，在地面打钻时采取新鲜煤芯 250 g，煤样要附有标签，注明采样地点、层位、采样时间等。

（2）制样

将所采煤样进行粉碎，筛分出粒度为 0.20～0.25 mm 的煤样，每份煤样取 2 个试样，每个试样重 3.5 g。

3.3.3 测试步骤

（1）把 2 个试样用漏斗分别装入瓦斯放散初速度测试仪的 2 个试样瓶中。

（2）启动真空泵对试样脱气 1.5 h。

（3）脱气 1.5 h 后关闭真空泵，将甲烷瓶与试样瓶连接，充气（充气压力 0.1 MPa）使试样吸附瓦斯 1.5 h。

（4）关闭试样瓶和甲烷瓶阀门，使试样瓶与甲烷瓶隔离。

（5）开动真空泵对仪器管道固定空间进行脱气，使 U 形管汞真空计两端汞面相平。

（6）停止真空泵，关闭仪器固定空间通往真空泵的阀门，打开试样瓶的阀门，使煤样瓶与仪器被抽空的固定空间相连并同时启动秒表计时，10 s 时关闭阀门，读出汞柱计两端汞柱差 p_1（mmHg，1 mmHg=133.322 Pa，下同），45 s 时再打开阀门，60 s 时关闭阀门，再一次读出汞柱计两端汞柱差 p_2（mmHg）。

3.3.4 瓦斯放散初速度指标的计算

（1）瓦斯放散初速度 Δp（mmHg）按下式计算：

$$\Delta p = p_2 - p_1 \tag{3-2}$$

（2）同一煤样的两个试样测出的 Δp 值之差不应大于 1 mmHg，否则需要重新测试。

3.3.5 测试结果

瓦斯放散初速度测试结果如表 3-3 所列，由表可知，401 工作面、202 工作面、301 工作面、405 工作面、302 工作面瓦斯放散初速度分布范围分别为 19.0～27.0 mmHg、10.0～13.0 mmHg、7.0～23.0 mmHg、19.0～23.0 mmHg、17.9～20.7 mmHg。瓦斯放散初速度大部分已超过 10 mmHg 标准值，因此可判断，天池煤矿为具有突出危险性的矿井。

表 3-3 瓦斯放散初速度测试结果

工作面编号	采样地点	Δp/mmHg
401 工作面	401 进风巷距开切眼 10 m 处	19.0
	401 进风巷距开切眼 40 m 处	19.0
	401 进风巷距开切眼 60 m 处	27.0
	401 进风巷距开切眼 80 m 处	24.0
	401 进风巷距开切眼 120 m 处	26.0
	401 进风巷距开切眼 260 m 处	26.0
202 工作面	202 进风巷距开切眼 50 m 处	11.0
	202 进风巷距开切眼 80 m 处	12.0
	202 回风巷距开切眼 50 m 处	13.0
	202 回风巷距开切眼 140 m 处	10.0

表 3-3(续)

工作面编号	采样地点	Δp/mmHg
301 工作面	301 进风巷距开切眼 490 m 处	22.0
	301 进风巷距开切眼 820 m 处	19.0
	301 进风巷距开切眼 1 140 m 处	20.0
	301 回风巷距开切眼 50 m 处	8.5
	301 回风巷距开切眼 135 m 处	7.0
	301 回风巷距开切眼 175 m 处	9.0
	301 回风巷距开切眼 280 m 处	21.0
	301 回风巷距开切眼 310 m 处	20.0
	301 回风巷距开切眼 1 560 m 处	23.0
405 工作面	405 进风巷距开切眼 150 m 处	19.0
	405 进风巷距开切眼 560 m 处	20.0
	405 回风巷距开切眼 150 m 处	22.0
	405 回风巷距开切眼 735 m 处	23.0
302 工作面	302 进风巷距开切眼 20 m 处	17.9
	302 进风巷距开切眼 80 m 处	20.6
	302 回风巷距开切眼 20 m 处	17.9
	302 回风巷距开切眼 120 m 处	20.7

3.4 瓦斯吸附常数测试

3.4.1 测试原理

煤中大量的微孔内表面具有表面能，当气体与内表面接触时，分子的作用力使甲烷或其他多种气体分子在表面上发生浓集，称为吸附。气体分子浓集的数量渐趋增多，为吸附过程；气体分子复返回自由状态的气相中，表面上气体分子数量渐趋减少，为脱附过程。表面上气体分子维持一定数量，吸附速率和脱附速率相等时，为吸附平衡。

煤对甲烷的吸附为物理吸附。当吸附剂和吸附质特定时，吸附量与压力和温度呈函数关系，即：

$$X = f(T,p) \tag{3-3}$$

当温度恒定时：

$$X = f(p)T \tag{3-4}$$

式(3-4)称为吸附等温线，在高压状态下符合朗缪尔(Langmuir)方程：

$$X = \frac{abp}{1+bp} \tag{3-5}$$

由式(3-5)变换得：

$$\frac{p}{X} = \frac{p}{a} + \frac{1}{ab} \tag{3-6}$$

式中 T——温度,℃;

p——瓦斯压力,MPa;

X——p 条件下瓦斯吸附量,cm^3/g;

a——瓦斯吸附常数,当 $p \to \infty$ 时,$X=a$,即为瓦斯饱和吸附量,cm^3/g;

b——瓦斯吸附常数,MPa^{-1}。

3.4.2 测试方法

瓦斯吸附常数是衡量煤吸附瓦斯能力大小的指标,也是间接法测试煤层原始瓦斯含量必不可少的重要参数。瓦斯吸附常数只能在实验室测试,测试步骤如下。

(1) 从井下采集新鲜煤样,粉碎后取 0.20～0.25 mm 粒度的试样 300～400 g 装入密封罐中。

(2) 在恒温 60 ℃高真空(10^{-2}～10^{-3} mmHg)条件下脱气 2 d 左右。

(3) 在 30 ℃恒温和 0.1～5.0 MPa 压力条件下,进行不同瓦斯压力下的吸附平衡,并测试各种瓦斯平衡压力下的瓦斯吸附量。

(4) 根据不同瓦斯平衡压力下的瓦斯吸附量(一般不少于 6 个数据),按朗缪尔方程 $X=abp/(1+bp)$ 回归计算得出煤的瓦斯吸附常数 a 和 b 值。

3.4.3 测试结果

瓦斯吸附常数测试结果如表 3-4 所列,由表可知,401 工作面、202 工作面、301 工作面、405 工作面、302 工作面瓦斯吸附常数 a 分别为 32.946～47.498 cm^3/g、30.216～31.572 cm^3/g、28.570～36.110 cm^3/g、30.843～32.391 cm^3/g、40.473～45.871 cm^3/g,瓦斯吸附常数 b 分别为 0.348～1.065 MPa^{-1}、0.872～1.023 MPa^{-1}、0.913～1.093 MPa^{-1}、0.972～1.093 MPa^{-1}、0.668～0.835 MPa^{-1}。

表 3-4 瓦斯吸附常数测试结果

工作面编号	采样地点	$a/(cm^3/g)$	b/MPa^{-1}
401 工作面	开切眼中部(硬煤分层)	32.946	1.065
	开切眼中部(软煤分层)	37.416	0.983
	401 进风巷 125# 钻孔附近(硬煤分层)	45.870	0.368
	401 进风巷 125# 钻孔附近(软煤分层)	47.498	0.348
202 工作面	202 进风巷距开切眼 50 m 处	31.446	1.023
	202 进风巷距开切眼 500 m 处	30.216	0.965
	202 回风巷距开切眼 50 m 处	31.572	0.872
301 工作面	301 进风巷距开切眼 490 m 处	36.110	0.981
	301 进风巷距开切眼 820 m 处	31.572	0.972
	301 进风巷距开切眼 1 140 m 处	31.446	1.023
	301 回风巷距开切眼 50 m 处	28.570	0.913
	301 回风巷距开切眼 135 m 处	31.032	0.951
	301 回风巷距开切眼 175 m 处	32.623	0.982

表 3-4(续)

工作面编号	采样地点	$a/(cm^3/g)$	b/MPa^{-1}
301 工作面	301 回风巷距开切眼 280 m 处	34.843	1.093
	301 回风巷距开切眼 310 m 处	32.391	0.972
	301 回风巷距开切眼 1 560 m 处	30.216	0.965
405 工作面	405 进风巷距开切眼 500 m 处	32.391	0.972
	405 回风巷距开切眼 500 m 处	30.843	1.093
302 工作面	302 回风巷 1# 采样点	43.785	0.809
	302 回风巷 2# 采样点	40.473	0.835
	302 回风巷 3# 采样点	45.871	0.668
	302 回风巷 4# 采样点	42.076	0.732

3.5 瓦斯压力测试

3.5.1 测试方法

测试煤层瓦斯压力的地点要尽量避开断层、褶皱、裂隙带等地质构造带，钻孔周围煤层处于原始状态，经过分析和比较，结合矿井开拓、煤层赋存和风、水、电等条件来选择。

测试方法为：在 401 进风巷沿煤层打顺层钻孔，然后向钻孔中插入测压管，再将钻孔封堵使之不漏气，测压管上安装压力表与煤层内气室相连通。煤层瓦斯压力测试时测压管选用 4′无缝钢管，封孔材料选用水泥砂浆，用注浆泵注入孔内，所有测压钻孔封孔长度大于 15 m。封孔完成 24 h 并待水泥砂浆凝固后安装压力表，同时定期观测压力值。压力表的值随时间推移而上升，待压力上升并稳定于某一值超过 3 d，可视该值为煤层瓦斯压力(表压)。测压钻孔封孔方式示意图如图 3-1 所示。

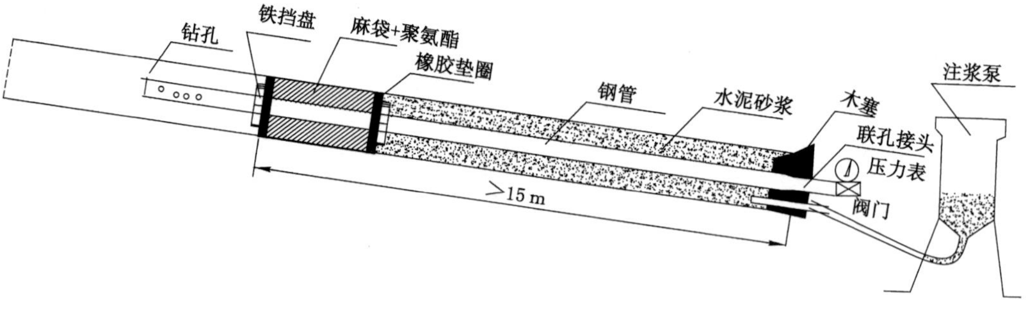

图 3-1 测压钻孔封孔方式示意图

3.5.2 测试结果

天池煤矿主采煤层为 15 煤层，因此，根据现场实际情况，对 401 工作面不同地点开展煤层瓦斯压力测试，结果如表 3-5 所列。由表可知，15 煤层瓦斯压力分布范围为 0.05～0.88 MPa，其中存在大于 0.75 MPa 的瓦斯压力，因此，判断该煤层可能具有突出危险性。

表 3-5 15 煤层瓦斯压力测试结果

地点	钻孔长度/m	封孔长度/m	埋深/m	瓦斯压力/MPa
401 进风巷距开切眼 600 m 处 1# 点	全煤	25	430	0.88
401 进风巷距开切眼 600 m 处 2# 点	全煤	25	430	0.05
401 进风巷距开切眼 680 m 处	26	24	450	0.82
401 进风巷距开切眼 700 m 处	28	26	452	0.76
401 进风巷距开切眼 800 m 处	25	22	470	0.76
401 进风巷距开切眼 920 m 处	25	20	485	0.78
401 进风巷距开切眼 1 020 m 处	22	18	501	0.70
401 进风巷距开切眼 1 100 m 处	22	18	505	0.70
401 进风巷距开切眼 1 280 m 处	24	21	510	0.72
401 进风巷距开切眼 1 286 m 处	20	18	510	0.50
401 进风巷距开切眼 1 420 m 处	25	23	513	0.46
401 进风巷距开切眼 1 460 m 处	25	20	513	0.50
401 回风巷距开切眼 500 m 处	28	26	390	0.74
401 回风巷距开切眼 510 m 处	28	26	390	0.72
401 回风巷距开切眼 700 m 处	25	23	440	0.78
401 回风巷距开切眼 720 m 处	25	23	445	0.72
401 回风巷距开切眼 860 m 处	25	22	460	0.70
401 回风巷距开切眼 880 m 处	25	23	460	0.76
401 回风巷距开切眼 1 060 m 处	24	21	475	0.76
401 回风巷距开切眼 1 080 m 处	24	22	475	0.68
401 回风巷距开切眼 1 320 m 处	28	23	495	0.54
401 回风巷距开切眼 1 326 m 处	28	26	495	0.62
401 回风巷距开切眼 1 480 m 处	28	23	495	0.54

4 煤层瓦斯赋存特性分析

4.1 煤层瓦斯的来源

4.1.1 煤层瓦斯的生成

瓦斯是煤形成过程中的主要伴生产物，早在15世纪就开始被人们所认知，直到18世纪初期英国有一些矿井发生瓦斯爆炸导致人员伤亡和设备财产严重损失后，瓦斯在矿井的灾害性才逐渐引起人们的重视，并开始研究瓦斯爆炸的原因及应采取的防范措施。但是，有关瓦斯的生成及来源问题，直到20世纪40年代才开始逐步引起人们的重视，并对此进行研究。

矿井瓦斯主要来自煤层和煤系地层，它是成煤的煤化作用过程中伴生的。煤的原始母质沉积后，一般经历2个成气时期：从植物遗体到泥炭的生物化学成气时期和在底层的高温高压下以褐煤直接到无烟煤的煤化变质作用成气时期。瓦斯的生成是和煤的形成同时进行且贯穿于整个成煤过程中的。

4.1.2 影响煤层瓦斯含量的因素

现今煤层中保存的瓦斯含量取决于瓦斯向地表运移的条件与煤层储存瓦斯的性能，即取决于煤层及其围岩的透气性和煤的存储性能（吸附性能及孔隙率），而不是煤层生成瓦斯量的多少，影响煤层瓦斯含量的主要因素如下。

4.1.2.1 煤层埋深

埋深的增加，不仅因地应力增高而使煤层及其围岩的透气性变差，而且瓦斯向地表运移的距离也增长，二者都有利于封存瓦斯。根据甲烷带内瓦斯压力随深度呈线性增高的统计规律和煤的瓦斯含量基本上取决于朗缪尔方程，因此，煤层瓦斯含量与埋深的关系可用朗缪尔双曲线来表示。英国采矿和冶金研究院从地面打钻，用直接法测量结果表明，在典型地层中，埋深每增加100 m，煤层甲烷含量增加0.5～1.1 m^3/t。

4.1.2.2 煤层及其围岩的透气性

煤系地层岩性组合及其透气性对煤层瓦斯含量有重大影响。煤层及其围岩的透气性越高，瓦斯越容易流失，瓦斯含量越低；反之，瓦斯易于保存，煤层瓦斯含量越高。煤层及其围岩的透气性在非常宽的范围内变化，在煤系地层众多种类岩石中，可见孔隙与裂隙发育的砂岩、砾岩和灰岩的透气性非常高，相比致密而裂隙不发育的岩石的透气性高数百万倍，在漫长的地质年代中，会排放出大量的瓦斯。煤层的顶底板透气性低的岩层（泥岩、充填致密的细碎屑岩、裂隙不发育的灰岩等）越厚，它们在煤系地层中占的比例越大，煤层的瓦斯含量就越高。

4.1.2.3 煤层倾角及煤层露头

在同一埋深下，煤层倾角越小，煤层瓦斯含量越高。例如芙蓉煤矿北翼煤层倾角陡(40°～80°)，相对瓦斯涌出量约为20 m^3/t，无瓦斯突出现象；而南翼煤层倾角缓(6°～12°)，相对瓦斯涌出量达到150 m^3/t，而且发生瓦斯突出。

煤层露头是瓦斯向地面排放的出口，露头存在时间越长，瓦斯排放越多；反之，地表无煤层露头，瓦斯含量较高。例如中梁山煤田，煤层无露头，而且为背斜构造，所以瓦斯含量较高。

4.1.2.4 地质构造

地质构造是影响瓦斯存储最重要的条件之一，封闭型地质构造有利于封存瓦斯，开放型地质构造有利于排放瓦斯。

(1) 褶皱构造

闭合而完整的背斜或穹隆又覆盖不透气的地层是良好的储存瓦斯构造，在其轴部煤层内往往积存高压瓦斯，形成“气顶”。在背斜的轴部，通常也比相同埋深的翼部瓦斯含量高。但是当背斜轴部的顶部岩层为透气岩层或因张力形成连通地面的裂隙时，瓦斯会大量流失，轴部的瓦斯含量反而比翼部的低。

向斜构造一般轴部的瓦斯含量比翼部高，这是因为轴部岩层受到强力挤压，围岩的透气性会变得更低，因此有利于在向斜的轴部地区封存较多的瓦斯。但是在开采高透气性煤层时，在向斜轴部相对瓦斯涌出量反而比翼部低，这是因为开采越接近向斜轴部，瓦斯补给区域越来越窄小，补给瓦斯量越接近轴部越枯竭，以及向斜轴部裂隙较发育，煤岩透气性好，有利于轴部瓦斯流失。

受构造影响形成煤层局部变厚的大煤包，也会出现瓦斯含量增高的现象。这是因为大煤包周围在构造挤压应力的作用下，煤层被压薄，形成对大煤包封闭的条件，有利于瓦斯的封存。同理，由两条封闭性断层与致密岩层封闭的地垒或地堑构造也能成为瓦斯含量增高区，特别是地垒构造往往由于有深部供气来源，瓦斯含量可能会明显增高。

(2) 断裂构造

断层对煤层瓦斯含量的影响比较复杂，一方面要看断层(带)的封闭性，另一方面还要看与煤层接触的对盘岩层的透气性。开放型断层(一般是张性、张扭性或导水断层)不论与地表是否直接相遇，都会引起断层附近的煤层瓦斯含量降低，当与煤层接触的对盘岩层透气性高时，瓦斯含量降低的幅度更大。封闭型断层(一般是压性、压扭性、不导水、现在仍受挤压处于封闭状态的断层)且与煤层接触的对盘岩层透气性低时，可以阻止煤层瓦斯的排放，在这种条件下，煤层具有较高的瓦斯含量。如果断层规模很大，断距很长，一般与煤层接触的对盘岩层属致密不透气的概率会减小，所以大断层往往会出现一定宽度的瓦斯排放带，在这个带内瓦斯含量降低。由于断层集中应力带的影响，距断层一定距离的岩层与煤层因受挤压而透气性降低，故出现瓦斯含量增高区。

4.1.2.5 煤化程度

煤是天然吸附体，煤层的煤化程度越高，其存储瓦斯的能力越强。在甲烷带内，当其他因素相同时，煤化程度不同的煤层，其瓦斯含量不尽相同，而且随着埋深增加其瓦斯含量增加的量也不同。随着煤化程度的提升，在相同埋深下，不仅瓦斯含量增高，而且对于相同埋深的瓦斯含量梯度也增大。对于高变质无烟煤，其瓦斯含量不服从上述规律，这是因为这种煤的结构发生了质的变化。

4.1.2.6　地层地质史

成煤有机物沉积以后直至现今煤化阶段经历了漫长的地质年代，其间地层多次下降或上升，覆盖层加厚或遭受剥蚀，陆相与海相交替变化，遭受地质构造运动破坏影响等。这些地质过程及其延续时间的长短，都对煤层瓦斯含量的高低产生着巨大的影响。从沉积环境来看，海陆交互相含煤地层的聚煤古地理环境属于滨海平原型，往往岩性与岩相在横向上比较稳定，沉积物粒度细，含煤地层透气性差，如果其上又遭长期海侵，被泥岩、灰岩等致密地层覆盖，这种煤层瓦斯含量有可能很高；反之，陆相含煤地层的聚煤古地理环境属于内陆型，岩性与岩相在横向上变化较大且覆盖层多为粗粒碎屑岩，不利于瓦斯封存，煤层的瓦斯含量一般都较低。

4.1.2.7　水文地质条件

地下水活跃的地区，通常煤层的瓦斯含量较低，这不仅是因为这里的天然裂隙比较发育，而且处于开放状态，是瓦斯排放的直接通路，同时地下水在漫长的地质年代可以带走数量可观的可溶性瓦斯。不可忽视的事实是地下水的溶蚀作用还会带走大量矿物质，导致煤系地层天然卸压，使地应力降低，引起煤层或围岩透气性升高，从而加强了煤层瓦斯的流失。

4.2　煤层瓦斯的赋存状态及特点

4.2.1　煤层瓦斯赋存状态

甲烷之所以能够存在于煤层之中，主要与煤的结构状态有着密切的关系。研究表明：煤体是一种复杂的多孔介质，有着十分发达的、大小不同的孔隙和裂隙，既有成煤胶结过程中产生的原生孔隙，也有成煤后构造运动形成的大量孔隙和裂隙，形成了很大的自由空间和孔隙表面。因此，成煤过程中生成的甲烷就以不同状态存在于这些裂隙和孔隙之内，甲烷常以游离和吸附状态存在于煤体中[72]。

(1) 游离状态

游离状态也叫自由状态，即甲烷以自由气体的状态存在于煤体或围岩的裂缝和较大的孔隙之中，如图 4-1 所示。游离甲烷可以自由运动或从煤(岩)层的裂隙中散放出来，由于甲烷分子的热运动，表现出一定的压力。游离甲烷含量的高低与裂隙储存空间的体积、甲烷压力成正比，与甲烷温度成反比。

图 4-1　煤体内甲烷的赋存形式示意图

(2) 吸附状态

吸附状态又可分为吸着状态和吸收状态两种。吸着状态是由于煤体中的碳分子对瓦斯的碳氢分子有很大的吸引力，使大量瓦斯分子被吸着于煤体的微孔表面形成一个薄层。吸收状态是瓦斯分子在较高的压力作用下，能渗入煤体胶粒结构之中，与煤体紧密地结合在一起。

煤体中的甲烷含量是一定的，游离状态和吸附状态的甲烷并不是不变的，而是处于动态平衡状态。当条件发生变化时，这一平衡就会遭到破坏。一般甲烷在煤体表面的吸附过程为：甲烷分子由气相扩散到煤体表面被煤体吸附，被吸附的甲烷分子与煤体表面发生反应，生成被煤体所吸附的产物分子[73]。大量的煤体吸附甲烷实验证明，煤体吸附甲烷主要由甲烷分子和碳分子之间剩余的表面自由力(范德瓦尔斯力)相互吸引引起的，即在煤体内部的一个分子与周围分子没有被同种分子完全包围，分子受到垂直指向煤体内的吸引力。当气体分子碰到煤体表面时，其中一部分就被吸附，并放出吸附热；在其热运动的动能足以克服吸附引力场的位垒时可重新回到气相，这时要吸收解吸热，这一现象称为解吸，吸附与解吸是可逆的。目前大部分矿井煤层内的甲烷主要以吸附态存在，占总量的 80%～90%，游离态甲烷只占总量的 10%～20%[74-75]。

4.2.2 我国大部分矿区煤层瓦斯赋存特点[76]

与美国等国相比，我国大部分矿区煤层瓦斯赋存具有“三高三低”的特征。

(1) 煤层高瓦斯储存量。据全国瓦斯(甲烷)资源评价，在埋深 2 000 m 以内瓦斯资源量约为 3.68×10^{13} m^3，约占世界的 13%，主要分布在华北和西北地区，其中埋深为 1 000 m 以内、1 000～1 500 m 和 1 500～2 000 m 的瓦斯资源量分别占 38.8%、28.8%和 32.4%。

(2) 煤层高可塑性结构。由于我国含煤地层一般都经历了成煤后强烈的构造运动，煤层内原生裂隙系统遭到破坏，塑变性大大增强，因而成为低透气性的高可塑性结构，这使得地面钻孔完成后采气效果较差，水力压裂增产效果不明显。

(3) 煤层高吸附瓦斯能力。由朗缪尔方程可知，煤层瓦斯的吸附量与吸附常数 a、b 有关，a、b 值越大，吸附能力越强。据统计，我国许多矿区的 a、b 值大于美国黑勇士及圣胡安盆地的 a、b 值。

(4) 煤层瓦斯压力较低。我国大部分煤矿瓦斯压力为 0.5～3.0 MPa，仅少数矿井在深 800～1 000 m 处出现 5.0～8.5 MPa 的高压区，而美国黑勇士及圣胡安盆地的瓦斯压力在深 600～822 m 处可达 5.6～8.8 MPa。

(5) 煤层在水力压裂等强化措施下形成的常规破裂裂隙所占比例低。我国煤层由于具有高可塑性结构，在煤中进行水力压裂等强化措施下，起初有一定效果，但很快孔隙裂隙闭塞，渗透率又降低。

(6) 煤层渗透率较低。我国煤层渗透率在 0.002～16.170 mD 之间，平均为 1.270 mD。其中，渗透率小于 0.100 mD 的占 35%；0.100～1.000 mD 的占 37%；大于 1.000 mD 的占 28%，且大于 10.000 mD 的较少。

4.2.3 天池煤矿煤层瓦斯赋存特点

根据 2009 年山西省煤炭工业厅晋煤瓦发〔2009〕36 号《关于晋中市 2008 年度 30 万 t/a 及以上煤矿矿井瓦斯等级和二氧化碳涌出量鉴定结果的批复》文件以及 2010 年山西省煤炭工业厅晋煤瓦发〔2010〕458 号《关于晋中市 2009 年度 30 万 t/a 及以上煤矿矿井瓦斯等级和二氧化

碳涌出量鉴定结果的批复》文件，天池煤矿瓦斯等级鉴定为高瓦斯矿井(表 4-1)。

表 4-1　天池煤矿瓦斯等级鉴定结果

鉴定时间	瓦斯涌出量		二氧化碳涌出量		批复等级
	绝对/(m^3/min)	相对/(m^3/t)	绝对/(m^3/min)	相对/(m^3/t)	
2007 年	48.70	38.50	—	—	高
2008 年	66.60	20.95	9.78	3.07	高
2009 年	59.13	27.41	9.07	4.20	高

以往地质勘探期间，在 303、305、308、314、404 号钻孔中采取了 14、15 煤层瓦斯样进行测试，结果如表 4-2 所列。

表 4-2　以往地质勘探期间煤层瓦斯测试结果

测试项目		采样煤层	CH_4	CO_2	$C_2\sim C_8$	N_2
瓦斯含量/(m^3/t)		14	$\frac{0.11\sim1.25}{0.68}$	$\frac{0.10\sim0.23}{0.17}$	0	$\frac{3.67\sim3.91}{3.79}$
		15	$\frac{3.32\sim6.52}{5.26}$	$\frac{0.01\sim0.26}{0.21}$	$\frac{0\sim0.08}{0.03}$	$\frac{1.81\sim3.58}{2.70}$
瓦斯成分/%	磨粉前	14	$\frac{8.59\sim45.71}{27.15}$	$\frac{3.80\sim21.24}{12.57}$	0	$\frac{50.38\sim70.18}{60.28}$
		15	$\frac{59.39\sim93.22}{81.12}$	$\frac{2.20\sim4.80}{3.52}$	$\frac{0\sim0.66}{0.22}$	$\frac{3.22\sim35.81}{15.14}$
	磨粉后	14	$\frac{1.11\sim12.08}{6.60}$	$\frac{0.75\sim1.32}{1.03}$	0	$\frac{87.16\sim97.57}{92.37}$
		15	$\frac{36.06\sim57.45}{44.82}$	$\frac{0.88\sim2.25}{1.70}$	$\frac{0\sim1.28}{0.42}$	$\frac{39.32\sim61.69}{53.06}$

注：14 煤层 2 个样(303、305 号钻孔)，15 煤层 4 个样(303、308、314、404 号钻孔)。

二采区补勘期间，对 3 煤层、14 煤层和 15 煤层进行了瓦斯测试，结果如表 4-3 所列。

表 4-3　二采区补勘期间煤层瓦斯测试结果

煤层	瓦斯成分/%				瓦斯含量/(m^3/t)
	CH_4	CO_2	$C_2\sim C_8$	N_2	
3	$\frac{21.74\sim42.01}{32.76}$	$\frac{1.78\sim15.22}{6.88}$	0	$\frac{56.21\sim63.04}{60.36}$	$\frac{1.69\sim5.79}{4.33}$
14	$\frac{27.22\sim88.33}{52.87}$	$\frac{1.81\sim17.17}{10.08}$	0	$\frac{9.87\sim61.52}{37.05}$	$\frac{3.32\sim8.31}{5.71}$
15	$\frac{30.92\sim82.98}{66.02}$	$\frac{2.88\sim6.31}{3.47}$	$\frac{0\sim1.28}{0.42}$	$\frac{13.81\sim65.46}{30.09}$	$\frac{2.49\sim13.42}{7.49}$

由表 4-2 和表 4-3 可知，3 煤层 CH_4 含量为 21.74%～42.01%，平均为 32.76%，CO_2 含量为 1.78%～15.22%，平均为 6.88%，N_2 含量为 56.21%～63.04%，平均为 60.36%，属氮气-甲烷带；14 煤层 CH_4 含量为 8.59%～88.33%，平均为 40.01%，CO_2 含量为 1.81%～21.24%，平均为 11.13%，N_2 含量为 9.87%～70.18%，平均为 48.86%，属氮气-甲烷带；15 煤层 CH_4 含量为 30.92%～93.22%，平均为 73.67%，CO_2 含量为 2.20%～6.31%，平均为 3.71%，N_2 含量为 3.22%～65.46%，平均为 22.62%，属甲烷带、氮气-甲烷带。

三采区补勘期间，对 3 煤层、15 煤层共采取了 10 个煤芯样品进行瓦斯测试，结果如表 4-4 和表 4-5 所列。

表 4-4 三采区补勘期间 3 煤层瓦斯测试结果

样品编号	采样煤层	采样深度/m	瓦斯成分/%				瓦斯含量/(m^3/t)	垂向分带
			CH_4	CO_2	C_2～C_8	N_2		
S_1	3	281.60～281.80	38.52	8.90	0	52.58	4.37	N_2-CH_4
S_2		282.55～282.75	84.16	7.68	0	8.16	8.15	CH_4
S_3		323.40～323.50	99.05	0.95	0	0	14.09	CH_4
S_4		296.20～296.30	97.86	1.84	0	0.30	13.45	CH_4

表 4-5 三采区补勘期间 15 煤层瓦斯测试结果

样品编号	采样煤层	采样深度/m	瓦斯成分/%				瓦斯含量/(m^3/t)	垂向分带
			CH_4	CO_2	C_2～C_8	N_2		
S_5	15	642.02～642.12	91.08	1.52	0.20	7.20	11.94	CH_4
S_6		463.30～463.38	94.05	2.49	0.55	2.91	10.21	CH_4
S_7		417.30～417.40	71.78	5.96	0.64	21.62	7.31	N_2-CH_4
S_8		362.50～362.60	85.00	4.46	0.25	10.29	8.06	CH_4
S_9		425.61～425.71	96.62	2.18	0.22	0.98	15.28	CH_4
S_{10}		426.56～426.66	86.89	4.43	0.37	8.31	10.19	CH_4

对全部补勘钻孔瓦斯测试数据与埋深关系进行处理，结合区域资料进行瓦斯含量 Q 与埋深 H 相关性分析，结果关系式为：$Q=0.007\,1H+3.57$。由该式可知，区内 15 煤层瓦斯含量梯度为 0.71 m^3/(t·hm)。以上数据为瓦斯涌出量预计提供了重要的参数。

15 煤层埋藏较深，瓦斯含量高，瓦斯压力大，瓦斯放散快，具备发生煤与瓦斯突出的瓦斯压力和地应力条件；有连续的层状的构造煤发育，构成了发生煤与瓦斯突出的构造煤条件。特别是在地质构造附近，地应力集中、瓦斯积聚导致瓦斯压力增大并且煤体结构破坏严重，煤的坚固性系数会显著降低，易发生煤与瓦斯突出。

综上所述，根据矿井瓦斯等级划分标准，天池煤矿为高瓦斯矿井。在今后生产中，随着开采面积增大，开采深度增加，矿井瓦斯会越来越多，甚至于局部聚集，因此应加强对瓦斯的监测预报工作，严格按照《煤矿安全规程》《机电设备操作规程》等规定使用电气设备，确保安全生产。

5 工作面瓦斯涌出规律及瓦斯涌出量预测

5.1 工作面瓦斯涌出源分析

天池煤矿各采区主采工作面瓦斯来源与含瓦斯煤岩层赋存状况及开采工艺有关，主要来自开采层和邻近层(含围岩)，其瓦斯涌出源分布如图 5-1 所示。

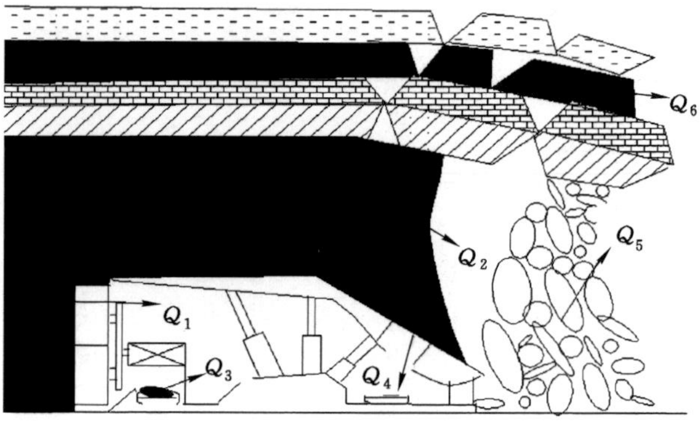

图 5-1　综放面的瓦斯涌出源

(1) 开采层煤壁的瓦斯涌出

开采层煤壁的瓦斯涌出由两部分组成：一是工作面由于煤壁的不断暴露而出现瓦斯(Q_1)；二是在矿山压力作用下，综放支架上前方的顶煤的应力平衡状态遭到破坏，出现透气性大大增加的卸压带，而由于煤体内部到煤壁间存在着瓦斯压力梯度，瓦斯沿卸压带的裂隙从顶煤煤壁涌入裂隙带，表现为沿流场边界持续稳定涌出(Q_2)。

(2) 采放落煤的瓦斯涌出

采放落煤的瓦斯涌出由两部分构成：一是采煤机割落煤炭的瓦斯涌出(Q_3)；二是放顶煤时，当煤层由整体垮落为松散体时，内部的瓦斯在短时间内的释放，表现为流场边界放顶煤处的瓦斯瞬间涌出(Q_4)。

(3) 采空区遗煤的瓦斯涌出

采空区遗煤的瓦斯涌出主要是残留在采空区的放落煤炭继续出现瓦斯涌出(Q_5)，其主要由煤层的采出率所控制并随时间的推移逐渐减少。

(4) 邻近煤岩层的瓦斯涌出

天池煤矿各采区主采工作面有上邻近煤层，应考虑邻近煤层(如 14、13 煤层等)瓦斯涌出(Q_6)。

工作面各瓦斯涌出源的瓦斯涌出量大小除主要取决于煤层瓦斯含量外,还与开采强度密切相关。Q_1～Q_4与工作面采、放煤量成正比;Q_5除与产量有关外,还与采出率密切相关,采出率越小,Q_5越大;Q_6除取决于开采强度外,还与邻近层厚度、邻近层至开采层距离、层间岩石性质、邻近层瓦斯原始压力以及煤层透气性系数等密切相关。

5.2 工作面瓦斯构成分析

5.2.1 综放工作面瓦斯构成分析

401工作面利用高抽巷、回风巷及尾巷抽排等方法治理工作面瓦斯,高抽巷抽采的瓦斯为采空区瓦斯,尾巷排放的瓦斯为采空区和本煤层瓦斯。抽排后上隅角仍然涌出一部分采空区瓦斯。一般来说,采空区瓦斯是尾巷排放的瓦斯、上隅角涌出的瓦斯及高抽巷抽采的瓦斯之和,但由于抽排作用,采空区的涌出强度增加,比不抽排要多涌出一部分瓦斯,将这两部分瓦斯大致相抵消。因此,初采期间在高抽巷未起作用前可粗略地把尾巷排放的瓦斯量作为采空区的瓦斯涌出量来考察所占比例。正常回采期间,可把高抽巷抽采、尾巷排放的瓦斯量作为采空区的瓦斯涌出量来考察所占比例。

(1) 初采期间瓦斯涌出量构成

回风巷、尾巷排放瓦斯量及其所占比例如图5-2和图5-3所示,由这两个图可知,初采期间,直接顶垮落(1月23日左右)之前,开采层瓦斯涌出量(回风巷排放瓦斯量)为4.25～17.97 m³/min,平均为11.84 m³/min,采空区瓦斯涌出量(尾巷排放瓦斯量)为3.30～14.23 m³/min,平均为5.59 m³/min;开采层瓦斯涌出量所占比例为49.1%～75.6%,平均为66.6%,采空区瓦斯涌出量所占比例为24.4%～50.9%,平均为33.4%。直接顶垮落之后,开采层瓦斯涌出量为6.53～11.87 m³/min,平均为7.92 m³/min,采空区瓦斯涌出量为18.56～41.86 m³/min,平均为28.36 m³/min;开采层瓦斯涌出量所占比例为18.1%～34.8%,平均为22.4%,采空区瓦斯涌出量所占比例为65.2%～81.9%,平均为77.6%。

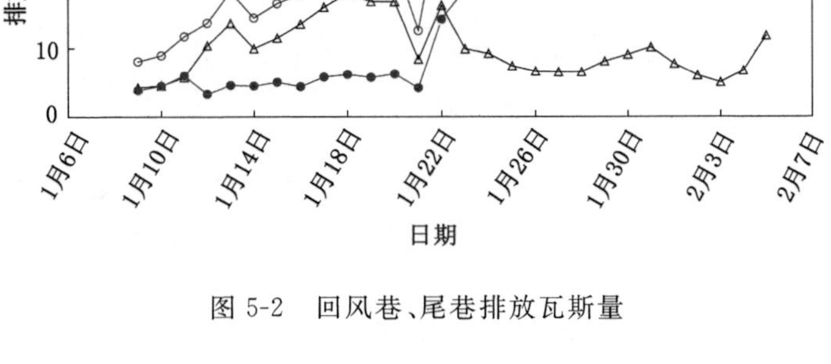

图5-2 回风巷、尾巷排放瓦斯量

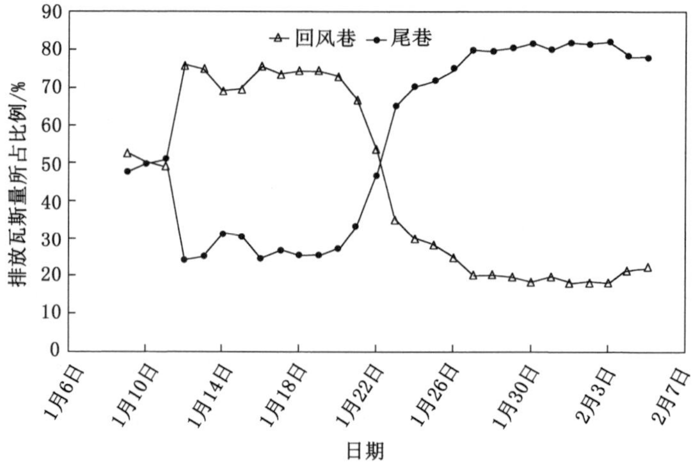

图 5-3 回风巷、尾巷排放瓦斯量所占比例

(2) 正常回采期间瓦斯涌出构成

高抽巷、尾巷、回风巷抽排瓦斯量及其所占比例如图 5-4 和图 5-5 所示，由这两个图可知，开采层瓦斯涌出量(回风巷排放瓦斯量)为 6.46～10.59 m^3/min，平均为 8.41 m^3/min，采空区瓦斯涌出量(高抽巷＋尾巷抽排瓦斯量)为 64.20～90.60 m^3/min，平均为 76.80 m^3/min；开采层瓦斯涌出量所占比例为 7.1%～11.2%，平均为 8.8%，采空区瓦斯涌出量所占比例为 88.8%～93.3%，平均为 91.2%。

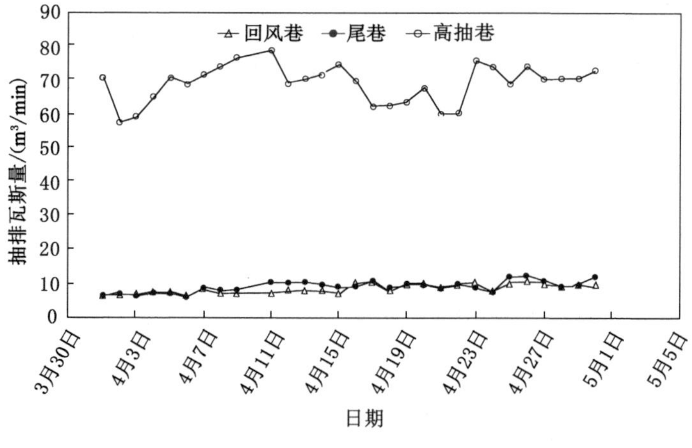

图 5-4 高抽巷、尾巷、回风巷抽排瓦斯量

5.2.2 掘进工作面瓦斯构成分析

煤体受到巷道掘进的扰动，使其原有的平衡状态遭到破坏，在煤体的破坏过程中，煤壁上形成了暴露面，破坏并分离这些煤层，使饱和瓦斯的煤层又重新暴露，如此周而复始使得原始煤层中瓦斯的平衡状态被破坏，形成了瓦斯压力梯度，造成了瓦斯的大量涌出，而此类破坏过程不断进行，使得对煤层的干扰持续向煤层深部扩展。掘进工作面的瓦斯主要来源

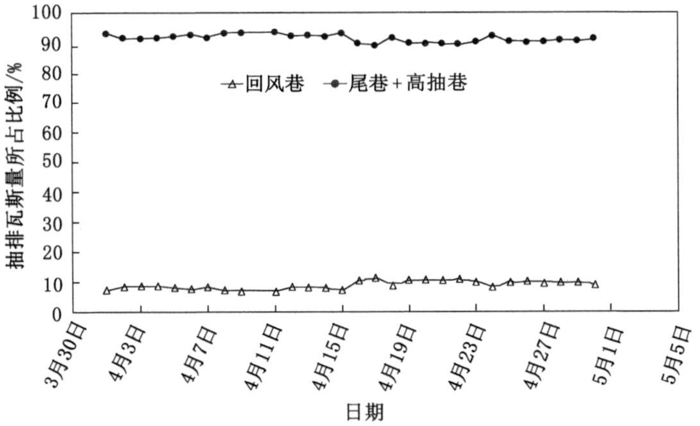

图 5-5　高抽巷、尾巷、回风巷抽排瓦斯量所占比例

于落煤、煤壁周围卸压区。

(1) 落煤瓦斯涌出

掘进工作面在落煤时，由于煤体的破碎和瓦斯压力的变化，使得原本煤体中处于吸附状态的瓦斯迅速解吸变为游离状态的瓦斯，迅速释放使得工作面的瓦斯浓度和绝对涌出量增大，这是掘进工作面瓦斯的一个主要来源。落煤瓦斯涌出量与日推进距离之间的关系如图 5-6 所示。

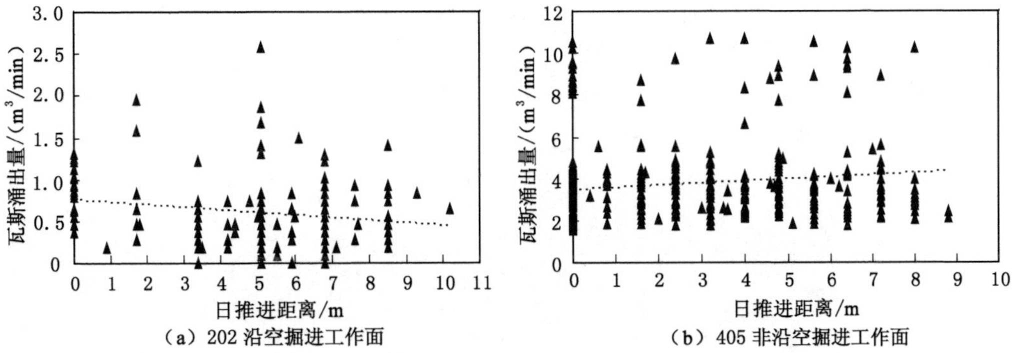

图 5-6　落煤瓦斯涌出量与日推进距离之间的关系

(2) 煤壁周围卸压区瓦斯涌出

随着掘进工作面的继续推进，采出空间不断增大，使得工作面周围煤体、围岩的压力重新分布，工作面周围压力升高，导致周围煤体内部裂隙增多，使得随工作面推进而新暴露煤壁中的瓦斯快速涌入工作面，造成工作面瓦斯浓度增大、涌出量增加，并且随着工作面向前推进，煤壁暴露的面积逐渐增加，释放的瓦斯也随之增多，使得回风中瓦斯浓度增大。暴露煤壁瓦斯涌出量与日推进距离之间的关系如图 5-7 所示。

5.2.3　综采工作面瓦斯构成分析

602 工作面利用高抽巷、回风巷及定向长钻孔抽排等方法治理工作面瓦斯，高抽巷抽采的瓦斯为采空区瓦斯，定向长钻孔排放的瓦斯为采空区和本煤层瓦斯。抽排后上隅角

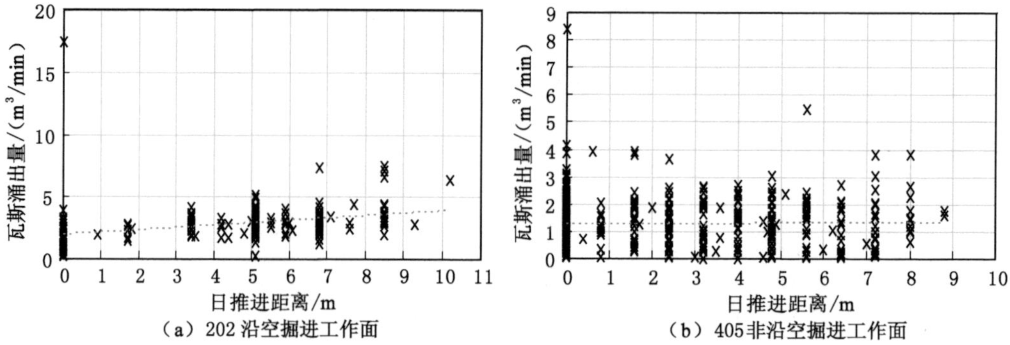

图 5-7　暴露煤壁瓦斯涌出量与日推进距离之间的关系

仍然涌出一部分采空区瓦斯。一般来说，采空区瓦斯是定向长钻孔排放的瓦斯、上隅角涌出的瓦斯及高抽巷抽采的瓦斯之和，但由于抽排作用，采空区的涌出强度增加，比不抽排要多涌出一部分瓦斯，将这两部分瓦斯大致相抵消。因此，初采期间在高抽巷未起作用前可粗略地把定向长钻孔排放的瓦斯量作为采空区的瓦斯涌出量来考察所占比例。正常回采期间，可把高抽巷抽采、定向长钻孔排放的瓦斯量作为采空区的瓦斯涌出量来考察所占比例。

一般把回采工作面基本顶初次垮落前的平均瓦斯涌出量视为本煤层的瓦斯涌出量，而将基本顶初次垮落后的平均瓦斯涌出增加量视为邻近层的瓦斯涌出量。

正常回采期间高抽巷、定向长钻孔、回风巷抽排瓦斯量及所占比例如图 5-8 和图 5-9 所示，由这两个图可知，采空区瓦斯涌出量（高抽巷＋定向长钻孔抽排瓦斯量）为 28.89～122.78 m^3/min，平均为 75.39 m^3/min，开采层瓦斯涌出量（回风巷排放瓦斯量）为 0.36～18.89 m^3/min，平均为 7.68 m^3/min；采空区瓦斯涌出量所占比例为 77.53%～99.16%，平均为 90.73%，开采层瓦斯涌出量所占比例为 0.84%～22.47%，平均为 9.27%。

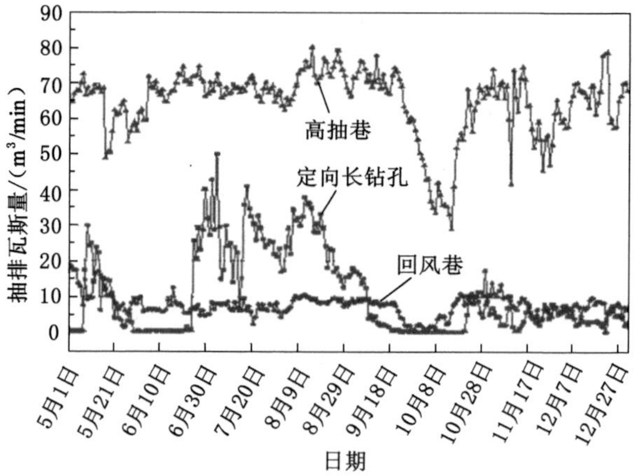

图 5-8　正常回采期间高抽巷、定向长钻孔、回风巷抽排瓦斯量

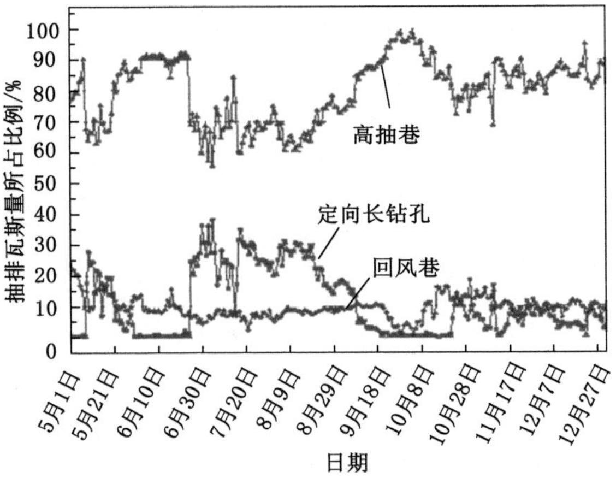

图 5-9 正常回采期间高抽巷、定向长钻孔、回风巷抽排瓦斯量所占比例

5.3 工作面瓦斯涌出量预测

5.3.1 掘进工作面瓦斯涌出量预测方法及结果

(1) 掘进工作面瓦斯涌出量预测方法

掘进工作面瓦斯涌出由掘进巷道煤壁瓦斯涌出及掘进落煤瓦斯涌出两部分构成。

$$Q_{t} = Q_{t\text{-}w} + Q_{t\text{-}f} \tag{5-1}$$

式中 Q_t ——掘进工作面绝对瓦斯涌出量，m^3/min；

$Q_{t\text{-}w}$ ——掘进工作面巷道煤壁绝对瓦斯涌出量，m^3/min；

$Q_{t\text{-}f}$ ——掘进工作面巷道落煤绝对瓦斯涌出量，m^3/min。

掘进工作面巷道煤壁绝对瓦斯涌出量计算公式如下：

$$Q_{t\text{-}w} = DvQ_{t\text{-}w}'(2\sqrt{L/v} - 1) \tag{5-2}$$

式中 D ——巷道断面内暴露煤壁面的周边长度，m；

v ——巷道平均掘进速度，m/min；

L ——巷道长度，m；

$Q_{t\text{-}w}'$ ——巷道煤壁瓦斯涌出强度，$m^3/(m^2 \cdot min)$，无实测时可参考式(5-3)。

$$Q_{t\text{-}w}' = 0.026 \times (0.000\,4V^2 + 0.16)/W_0 \tag{5-3}$$

式中 V——煤中挥发分含量，%；

W_0——原始瓦斯含量，m^3/t。

掘进工作面巷道落煤绝对瓦斯涌出量计算公式如下：

$$Q_{t\text{-}f} = Sv\gamma(W_0 - W_c) \tag{5-4}$$

式中 S ——巷道断面面积，m^2；

γ ——煤的密度，t/m^3；

W_c ——运出矿井后煤的残存瓦斯含量，m^3/t。

(2) 掘进工作面瓦斯涌出量预测结果

根据掘进工作面实际条件，可得出掘进工作面参数值(表 5-1)，将各值和煤的相关数据代入上述公式中，可得出掘进工作面绝对瓦斯涌出量(表 5-2)。

表 5-1　掘进工作面参数

掘进工作面	巷道宽/m	巷道高/m	周边长度/m	断面面积/m^2	巷道长度/m	掘进速度/(m/min)
202 回风巷	4.0	3.0	10	12	1 219	0.003 4
405 回风巷	4.0	3.5	11	14	1 920	0.003 4

表 5-2　掘进工作面绝对瓦斯涌出量

掘进工作面	煤的密度/(t/m^3)	原始瓦斯含量/(m^3/t)	挥发分含量/%	残存瓦斯含量/(m^3/t)	绝对瓦斯涌出量/(m^3/min)		
					煤壁	落煤	合计
202 回风巷	1.48	7.42	13.38	2.52	0.02	0.30	0.32
405 回风巷	1.48	10.73	14.38	2.52	0.02	0.58	0.60

5.3.2　采煤工作面瓦斯涌出量预测方法及结果

(1) 采煤工作面瓦斯涌出量预测方法

煤层瓦斯含量法，即按照煤层瓦斯含量与采后煤炭的残存瓦斯含量计算相对瓦斯涌出量。根据近年来矿井邻近矿区(阳泉矿区)采煤工作面瓦斯涌出情况及采煤工作面瓦斯涌出的预测分析，可知新增考虑工作面通风方式、工作面瓦斯抽采方式、邻近层瓦斯残存含量等因素，可以较为准确地预测采煤工作面的瓦斯涌出量。

$$Q_m = Q_w + Q_a \tag{5-5}$$

式中　Q_m——采煤工作面相对瓦斯涌出量，m^3/t；

Q_w——本煤层相对瓦斯涌出量，m^3/t；

Q_a——邻近煤层相对瓦斯涌出量，m^3/t。

$$Q_w = k_1 k_2 k_3 k_4 k_5 \left(\frac{M}{m}\right)(X_0 - X_c) \tag{5-6}$$

式中　k_1——围岩瓦斯涌出系数，全部垮落法时取值为 1.3；

k_2——工作面残煤瓦斯涌出系数，取值为 1/工作面采出率；

k_3——巷道预排瓦斯影响系数，取值为$(L-2h)/L$，其中 L 为工作面长度，h 为巷道预排等值宽度；

k_4——不同通风方式的瓦斯涌出系数，U 形通风时取值为 1.0，偏 Y 形通风时取值为 1.1～1.2，Y 形通风时取值为 1.3～1.5；

k_5——本煤层抽采瓦斯影响系数，一般顺层钻孔抽采时取值为 1.05～1.10，采空区埋管抽采时取值为 1.2～1.3，顶板或穿层钻孔抽采时取值为 1.2～1.3，巷道抽采时取值为 1.2～1.4，综合抽采时取值为 1.3～1.5；

M，m——本煤层的煤层厚度和开采高度，m；

X_0，X_c——本煤层原始瓦斯含量和运出矿井后煤的残存瓦斯含量，m^3/t。

$$Q_a = k_6 \sum_{i=1}^{n} \eta_i \left(\frac{M_i}{m}\right)(X_{0i} - X_{ci}) \quad (i = 1,2,3\cdots) \tag{5-7}$$

式中　k_6——邻近煤层抽采瓦斯影响系数，取值为 1.0～1.4；

η_i——第 i 邻近煤层的瓦斯排放率，%；

M_i——第 i 邻近煤层的煤层厚度，m；

X_{0i}，X_{ci}——第 i 邻近煤层原始瓦斯含量和运出矿井后煤的残存瓦斯含量，m^3/t。

(2) 采煤工作面瓦斯涌出量预测结果

① 本煤层瓦斯涌出量预测结果

根据 602 工作面实际条件，可得式(5-6)中各参数值(表 5-3)，将各值代入式(5-6)，可得不同预抽率下本煤层相对瓦斯涌出量(表 5-4)。

表 5-3　本煤层相对瓦斯涌出量计算参数

参数	k_1	k_2	k_3	k_4	k_5	M	m	X_c
取值依据	全部垮落法	采出率为85%	工作面长度为 180 m，巷道预排等值宽度为 12 m	U 形通风方式	综合抽采	煤层厚度	开采高度	残存瓦斯含量
取值结果	1.3	1.18	0.87	1.0	1.5	5 m	4 m	2.140 m^3/t

表 5-4　不同预抽率下本煤层相对瓦斯涌出量

预抽率	预抽前瓦斯含量/(m^3/t)	预抽后瓦斯含量/(m^3/t)	残存瓦斯含量/(m^3/t)	相对瓦斯涌出量/(m^3/t)
10%	8.775	7.898	2.140	14.408
20%	8.775	7.020	2.140	12.211
30%	8.775	6.143	2.140	10.017
40%	8.775	5.265	2.140	7.820
50%	8.775	4.388	2.140	5.625

不同预抽率和产量下本煤层绝对瓦斯涌出量如表 5-5 所列。

表 5-5　不同预抽率和产量下本煤层绝对瓦斯涌出量　　　单位：m^3/min

预抽率	产量				
	3 500 t/d	4 000 t/d	4 500 t/d	5 000 t/d	5 500 t/d
10%	52.529	60.033	67.538	75.042	82.546
20%	44.519	50.879	57.239	63.599	69.959
30%	36.520	41.738	46.955	52.172	57.389
40%	28.510	32.583	36.656	40.729	44.802
50%	20.508	23.438	26.367	29.297	32.227

② 邻近煤层瓦斯涌出量预测结果

15 煤层邻近煤层瓦斯赋存参数不清，故根据本煤层初次来压和周期来压采空区瓦斯涌出实际数据分析邻近煤层瓦斯涌出量，可知 15 煤层开采时邻近煤层瓦斯涌出量占该煤层未预抽下瓦斯涌出总量(包括采空区遗煤瓦斯涌出量)的 20%。

③ 602 工作面瓦斯涌出量预测结果

根据本煤层及邻近煤层瓦斯涌出量的预测结果，可得到 602 工作面绝对瓦斯涌出量(瓦斯涌出不均衡系数取 1.3)，如表 5-6 所列。

表 5-6　602 工作面绝对瓦斯涌出量　　单位：m³/min

预抽率	产量				
	3 500 t/d	4 000 t/d	4 500 t/d	5 000 t/d	5 500 t/d
10%	64.635～84.026	73.869～96.029	83.103～108.034	92.337～120.038	101.570～132.041
20%	56.625～73.613	64.715～84.129	72.804～94.646	80.894～105.162	88.983～115.678
30%	48.626～63.214	55.574～72.246	62.520～81.276	69.467～90.307	76.413～99.337
40%	40.616～52.801	46.419～60.344	52.221～67.888	58.024～75.431	63.826～82.974
50%	32.614～42.399	37.274～48.456	41.932～54.512	46.592～60.569	51.251～66.627

5.4　工作面瓦斯涌出影响因素分析

5.4.1　瓦斯涌出量与掘进时间、日推进距离及日产量的关系

（1）掘进工作面

① 瓦斯涌出量与掘进时间的关系

通过对 202 和 405 回风掘进工作面瓦斯浓度及配风量的实时观测，得出瓦斯涌出量随掘进时间的变化趋势，如图 5-10 和图 5-11 所示。从图中可以清晰地看出，随着掘进时间的不断推移，煤壁暴露时间逐渐增大，瓦斯由最初的大量涌出缓慢下降，最终逐渐趋于平稳，总体趋势呈现出负指数函数的变化。其中 202 回风掘进工作面瓦斯涌出量为 0.47～4.85 m³/min，平均为 2.83 m³/min；405 回风掘进工作面瓦斯涌出量为 0～2.94 m³/min，平均为 1.28 m³/min。

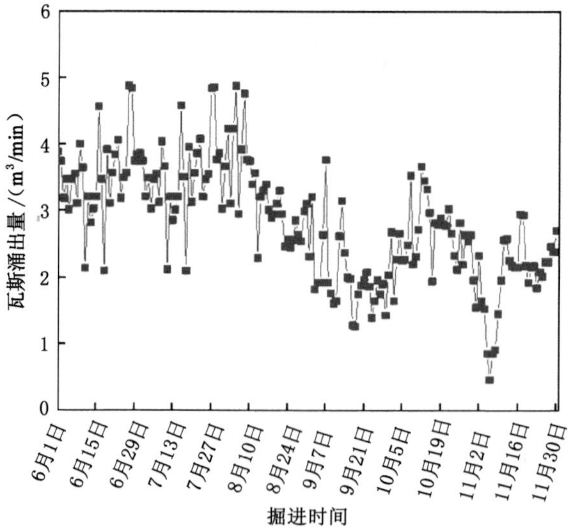

图 5-10　202 回风掘进工作面瓦斯涌出量随掘进时间的变化趋势

202 回风掘进工作面为沿空掘进，导致实体煤壁一侧的瓦斯卸压带范围较宽，因此瓦斯涌出量在开始时较大。随着工作面不断向前掘进，煤体暴露时间不断增长，受煤壁中瓦斯卸

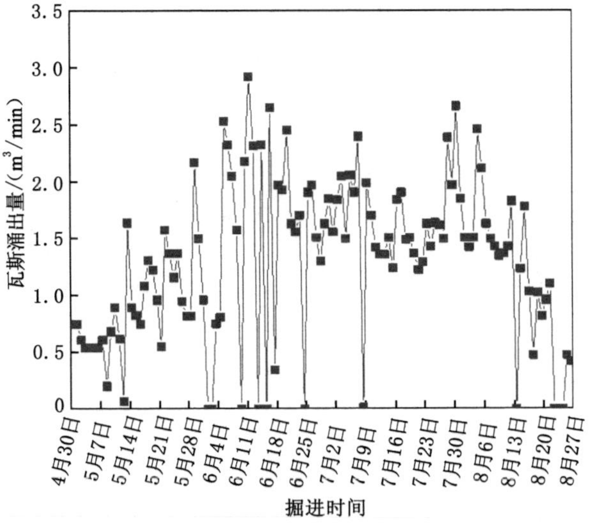

图 5-11　405 回风掘进工作面瓦斯涌出量随掘进时间的变化趋势

压范围及瓦斯含量的限制，瓦斯涌出量呈现下降并最后趋于平稳的变化趋势。

405 回风掘进工作面埋深较大，其瓦斯含量及压力较高，而煤层硬度较小，渗透率较差，且工作面是在实体煤中进行掘进，因此两侧煤壁中的瓦斯卸压区域范围有限，导致瓦斯涌出量总体不大。

② 瓦斯涌出量与日推进距离的关系

通过对 202 和 405 回风掘进工作面瓦斯浓度、配风量及日推进距离进行观测，得出瓦斯涌出量与日推进距离的关系，如图 5-12 和图 5-13 所示。

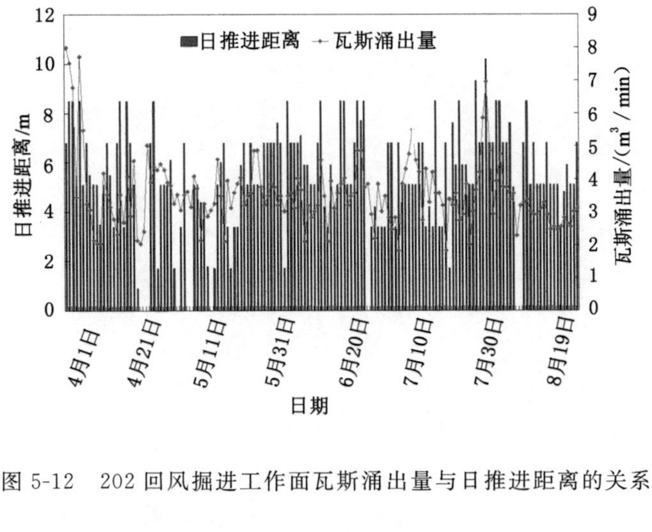

图 5-12　202 回风掘进工作面瓦斯涌出量与日推进距离的关系

从图 5-12 可以看出，202 回风掘进工作面一侧紧邻采空区，使煤层本身发生卸压，煤层中的瓦斯由原始的吸附态转变成为游离态，当掘进初期扰动煤体时，大量的游离瓦斯同时涌出，使得瓦斯涌出量较大，而后随着掘进工作面不断推进，瓦斯涌出量趋于平稳，且变化规律

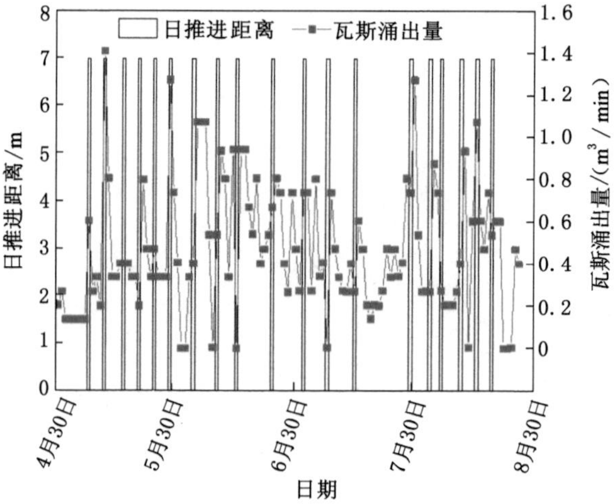

图 5-13　405 回风掘进工作面瓦斯涌出量与日推进距离的关系

与日推进距离的变化规律相一致，即掘进速度快，瓦斯涌出量便会增大，反之掘进速度慢，瓦斯涌出量便会减小。

从图 5-13 可以看出，405 回风掘进工作面两侧均为实体煤，虽然掘进巷道对煤层也产生扰动，同样煤层中原有的吸附态瓦斯转变成游离态瓦斯，但是由于巷道扰动范围有限，加之巷道在观测期间掘进速度较慢，煤壁暴露的时间较长，瓦斯涌出时间相应较长，因此瓦斯涌出量在工作面掘进期间呈现出减小的变化趋势。

(2) 综采工作面

① 瓦斯涌出量与日产量的关系

在 602 综采工作面测定了不同日产量下的瓦斯涌出量，观测结果表明：在观测初期综采工作面瓦斯涌出量随着日产量的减少而增大，之后，在日产量逐渐恢复并缓慢增加的情况下，瓦斯涌出量总体呈减小的趋势(图 5-14)。瓦斯涌出量与日产量之间呈一种复杂的曲线关系(图 5-15)，这与日推进距离也有着密切的关系。

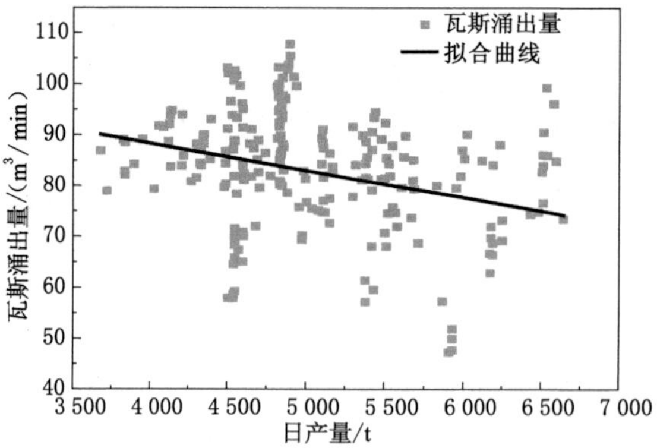

图 5-14　602 综采工作面瓦斯涌出量随日产量的变化趋势

② 瓦斯涌出量与日推进距离的关系

602 综采工作面日推进距离变动范围较小，总体在 3.2 m 左右波动，瓦斯涌出量随着日

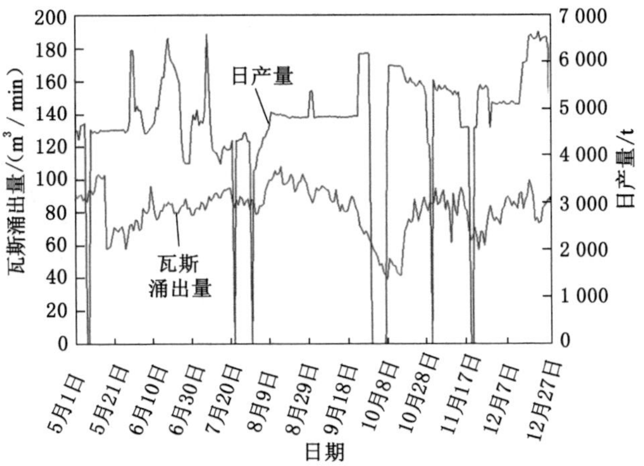

图 5-15　602 综采工作面瓦斯涌出量与日产量的关系

推进距离的变化而变化，如图 5-16 所示。根据现场实测数据显示，在观测初期综采工作面瓦斯涌出量先增大后减小，之后日推进距离保持在 3.2 m 左右，瓦斯涌出量呈现逐渐增大的趋势，但在日推进距离出现较大增幅时，瓦斯涌出量出现相对减小的现象。分析原因为工作面日推进距离的大小直接影响围岩的移动和变形，日推进距离较小时，变形和垮落充分，导致邻近层、围岩、下分层瓦斯涌出量的增大。反之，当日推进距离较大时，围岩变形相对减小，相应地减小了邻近层、围岩、下分层的瓦斯涌出量。

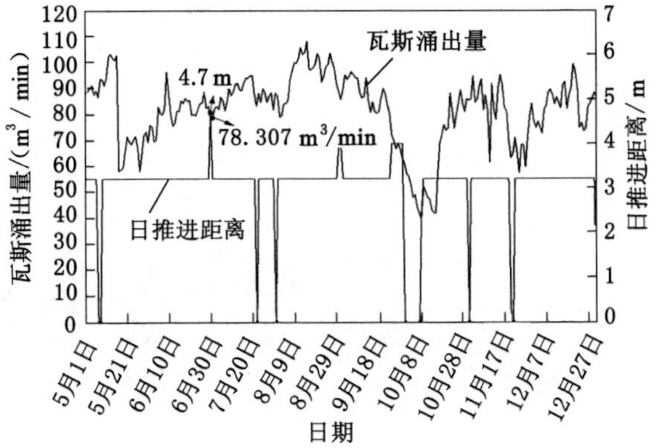

图 5-16　602 综采工作面瓦斯涌出量与日推进距离的关系

根据综采工作面瓦斯涌出量与日推进距离的关系，可对高抽巷的抽采参数进行动态管理以达最佳效果。比如在瓦斯涌出量较大时可适当增大高抽巷的抽采负压和抽采量，反之可适当减小。这也有利于采空区的防灭火管理，因为在日推进距离和瓦斯涌出量较大时增大高抽巷抽采负压和抽采量不会对采空区防灭火造成不利影响，而当日推进距离较小时适当减小高抽巷抽采负压和抽采量则有利于降低采空区的漏风，从而缓解防灭火压力。

5.4.2　瓦斯涌出量与配风量的关系

（1）掘进工作面

通过对 202 和 405 回风掘进工作面瓦斯涌出量及配风量的观测，得到如图 5-17 及

图 5-18 所示的变化关系。从图 5-17 可以看出,在沿空掘巷过程中,瓦斯涌出量随着配风量的减小也呈现出减小的变化趋势。当配风量较大时,靠近迎头处容易形成涡流,导致此处瓦斯积聚,同时由于配风量较大,风流通过巷道时与煤壁之间形成较大的压差,在压力梯度下煤壁中解吸出的瓦斯会大量涌入巷道,被风流带走使得整体瓦斯涌出量偏大。当配风量变小后,迎头瓦斯能够缓慢地被风流带出,巷道与煤壁之间形成的压力梯度也相对较小,使得煤壁中的游离瓦斯涌出量也相对较小,因此呈现涌出量下降的变化趋势。

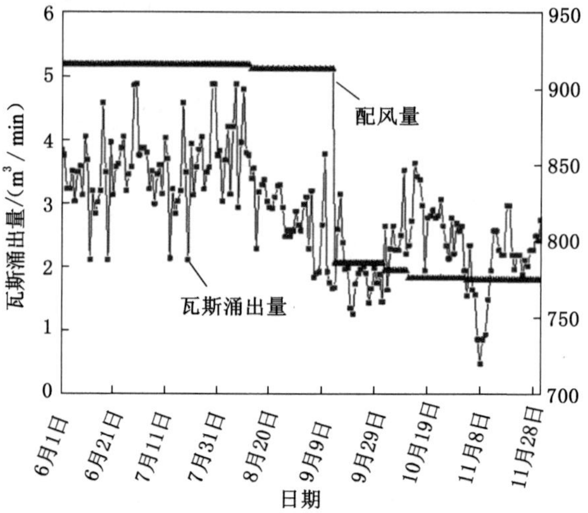

图 5-17　202 回风掘进工作面瓦斯涌出量与配风量的关系

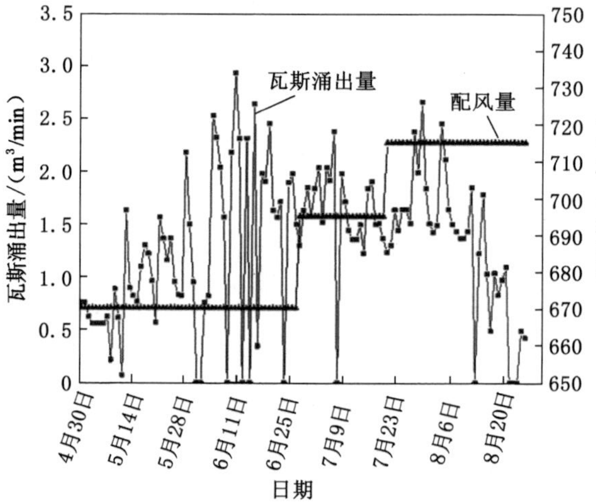

图 5-18　405 回风掘进工作面瓦斯涌出量与配风量的关系

根据现场观测的结果可以得出,202 回风掘进工作面(沿空掘巷)配风量的最大值为 916 m^3/min,最小值为 775 m^3/min,而在巷道掘进过程中其瓦斯涌出量最大值为 4.85 m^3/min,最小值为 0.47 m^3/min,由此可知最大(小)瓦斯涌出量与最大(小)配风量的比值分别为 0.529%(0.061%),此为沿空掘巷极值条件下的瓦斯浓度;405 回风掘进工作面(非沿空掘巷)配风量的最大值为 715 m^3/min,最小值为 670 m^3/min,而在巷道掘进过程中其瓦斯涌出量最大值为 2.97 m^3/min，最小值为 0.03 m^3/min，由此可知最大（小）瓦斯涌出量与最大（小）配风量的比值分别为 0.415%（0.004%），此为非沿空掘巷极值条件下的瓦斯浓度。

从上述两种不同的掘进工艺在极限条件下的瓦斯浓度不难看出，沿空掘巷由于巷道一侧紧邻采空区，使得煤壁应力峰值内移，煤壁卸压范围增大，且瓦斯由吸附态变为游离态的量增多，从而使得巷道在掘进过程中瓦斯浓度较非沿空掘巷时的瓦斯浓度高，因此合理配风对于保证沿空掘巷安全高效掘进意义重大。

（2）综采工作面

602 综采工作面在配风量变化不大的情况下，瓦斯涌出量随着配风量的变化而变化（图 5-19）。根据现场实测数据显示，在观测初期瓦斯涌出量先增大后减小，之后一段时间配风量保持在 2 400 m^3/min 左右，瓦斯涌出量呈现逐渐增大的趋势。

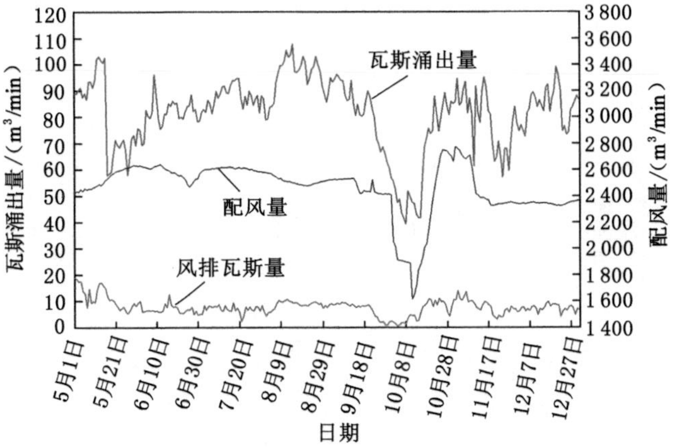

图 5-19　602 综采工作面瓦斯涌出量与配风量的关系

5.4.3　瓦斯涌出量与开采工序的关系

401 工作面于 2007 年 12 月采用“四六”制作业形式，即三班生产，一班检修准备，2008 年 1 月份以后又采用“三八”制作业形式，即两班生产，一班检修准备。一般生产班割两刀煤、放一次顶煤，割、放煤平行作业。“四六”制作业形式生产工序与瓦斯涌出量及浓度的关系如图 5-20 所示，由图可知，放煤时瓦斯涌出量及浓度最大，割煤时瓦斯涌出量及浓度次之，检修时瓦斯涌出量及浓度最小。“三八”制作业形式生产工序与瓦斯涌出量及浓度的关系类似于“四六”制作业形式下的关系。

5.4.4　瓦斯涌出量与抽采量的关系

瓦斯涌出量与抽采量的关系如图 5-21 所示，由图可知，随着工作面推进距离的不断增大，使得采空区的范围增大，邻近层瓦斯的排放范围也随之增大，上层覆岩的邻近层的瓦斯在压力梯度及一定的通风负压共同作用下，涌入工作面，超过一定高度的邻近层瓦斯尽管从煤体中解吸出来，也不会涌入回采空间。但是采用顶板高抽巷和千米钻机+埋管来抽采采空区及邻近层瓦斯的方法会使邻近层瓦斯涌出量增大。而瓦斯涌出量等于瓦斯抽采量与风排瓦斯量之和，且工作面风量变化不大，即风排瓦斯量变化不大，于是瓦斯涌出量随抽采量增大而增大。

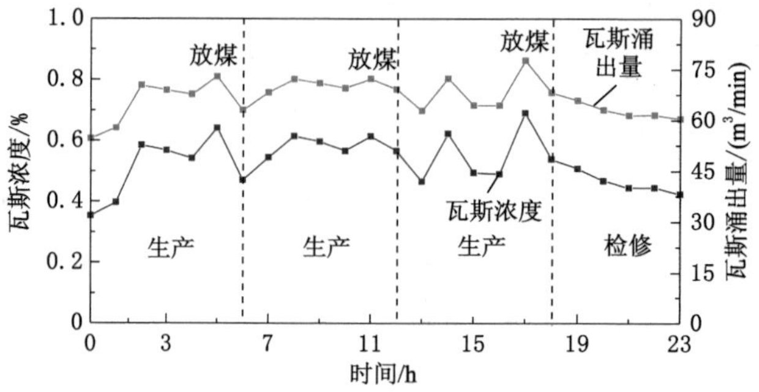

图 5-20 “四六”制作业形式生产工序与瓦斯涌出量及浓度的关系

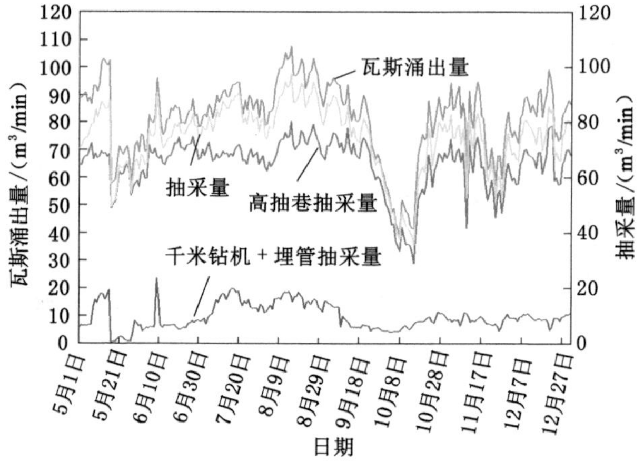

图 5-21 工作面瓦斯涌出量与抽采量的关系

5.4.5 瓦斯涌出量与矿山压力的关系

研究表明，瓦斯涌出量与矿山压力有明显的关系，由工作面瓦斯涌出量、瓦斯浓度与累计推进距离的关系（图 5-22 和图 5-23）可知，1 月 22 日、1 月 23 日工作面直接顶垮落，瓦斯涌出量由 1 月 10 日的 8.5 m^3/min 增大到 30.5 m^3/min，垮落时瓦斯涌出量是之前的 3.59 倍；1 月 29 日—31 日工作面基本顶来压，回风巷瓦斯浓度由 0.46%升高到 0.71%，尾巷瓦斯浓度由 1.27%升高到 1.98%，瓦斯涌出量由 29.65 m^3/min 增大到 50.03 m^3/min，来压时瓦斯涌出量是之前的 1.69 倍。

工作面向前推进一定距离后，在 2 月 16 日左右第一次周期来压，瓦斯涌出量出现突然增大现象，来压前瓦斯涌出量平均为 37.2 m^3/min，来压时平均为 96.3 m^3/min，来压时是来压前的 2.59 倍。其原因是顶板周期来压时使工作面前方煤体渗透容积减小，煤层瓦斯压力升高，在应力集中带内，裂隙和孔隙受压而缩小、闭合，导致煤体透气性降低，从而使瓦斯涌出量相对减小；基本顶周期性破断失稳后，使顶板破碎度的周期增大，导致煤体支承压力向深部转移，煤壁前方减压区范围扩大，煤体中原有裂隙张开、扩大，新裂隙相伴而生，使煤体透气性急剧升高，部分吸附瓦斯解吸并同游离瓦斯一起快速大量地涌向采场。同时，瓦斯涌出量呈周期性变化，其步距与周期来压步距基本相等，且顶板周期来压超前于瓦斯涌出量周期性变化，一般瓦斯涌出量峰值滞后于矿山压力峰值 1 d 左右，由此说明工作面瓦斯大量快速涌出是矿山压力的一种显现，实际生产中可根据来压特征进行瓦斯涌出的预测。

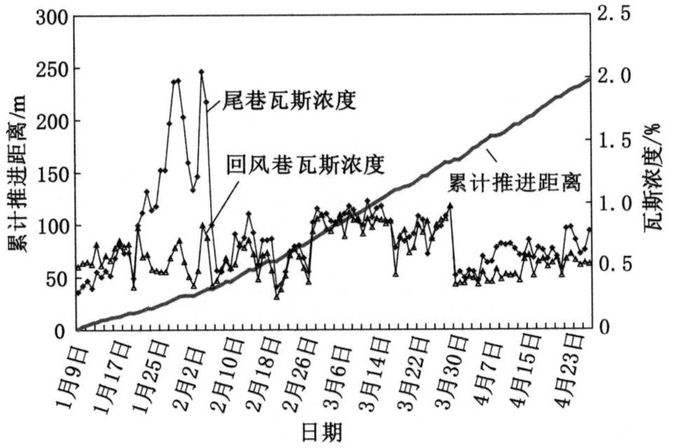

图 5-22 工作面瓦斯浓度与累计推进距离的关系

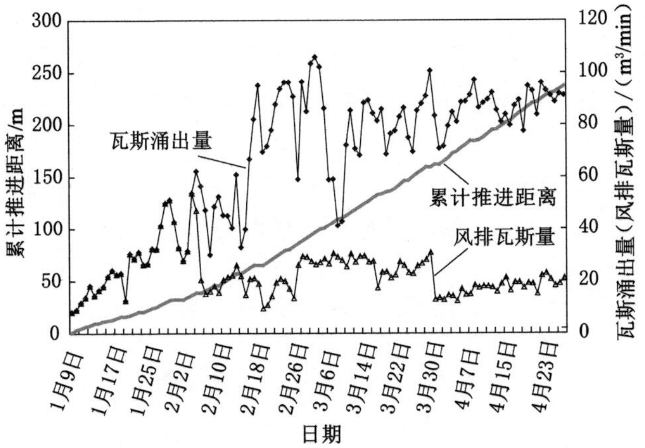

图 5-23 工作面瓦斯涌出量与累计推进距离的关系

6 采动覆岩裂隙演化规律及卸压瓦斯运移储集规律

6.1 采动覆岩裂隙演化规律

6.1.1 采动覆岩形态分区

我国著名学者钱鸣高院士等人对煤层上覆岩层的破断、运动规律进行了深入系统的理论研究，提出了砌体梁理论和关键层理论。关键层理论认为采场上覆岩层的变形、破断、离层和地表沉陷等一系列矿压显现规律主要由关键层控制。钱鸣高院士等人以砌体梁理论为基础，依据煤层开采后覆岩移动规律提出了“横三区”“竖三带”的观点，即沿工作面推进方向采动覆岩分为煤壁支撑影响区、离层区、重新压实区，由下向上采动覆岩分为垮落带、断裂带、弯曲下沉带，如图 6-1 所示。实践表明，上覆岩层的岩性对岩层移动、变形和断裂有很大的影响。

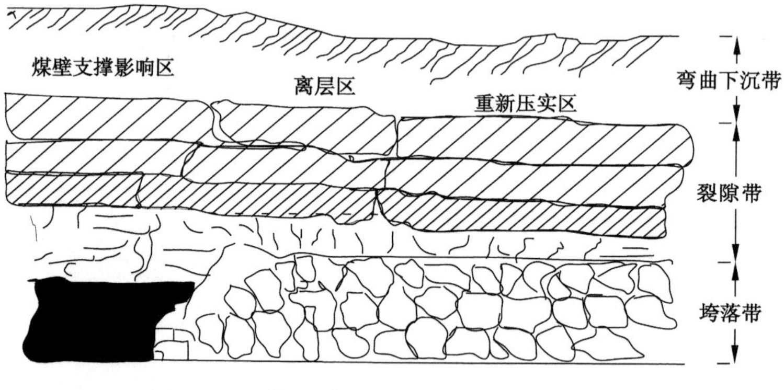

图 6-1 工作面采动覆岩“横三区”“竖三带”

煤层开采后，在上覆岩层中形成两类裂隙：一类是离层裂隙，是指随岩层下沉在不同岩性地层之间出现的岩层裂隙，它是由于各个岩层之间的不同岩性、厚度所导致的岩层之间下沉不同步而造成的。另一类是竖向破断裂隙，是指随岩层下沉破断形成的穿层裂隙，它是由于岩层受拉剪作用超过其强度造成的。在采空区上覆岩层由下向上依次形成的垮落带、裂隙带、弯曲下沉带中，垮落带破断裂隙非常发育，在工作面推进过后，垮落带内岩块破断后呈现不规则垮落，裂隙带上部以离层裂隙发育为主，下部则以破断裂隙发育为主，而弯曲下沉带裂隙不发育。当采空区顶板充分垮落后，采空区中部岩层和下方的矸石紧密接触，从而使得采空区中部顶板岩层裂隙被压实。而采空区四周由于煤壁的支撑作用以及各岩层断块长度的不同，使得上下位岩层的离层仍能在一定程度上保留。这样在采空区中部的裂隙被压实，而四周关键层下部形成一个横向连通的采动裂隙发育区，即离层裂隙分布呈现两个阶段特征：第一阶段从开切眼开始，随着工作面推进，离层裂隙不断增大，采空区中部离层裂隙最发育；第二阶段采空区中部离层裂隙趋于压实，而在采空区四周存在一个连通的采动裂隙发育区，称其为采动裂隙"O"形圈（图 6-2），这一区域成为瓦斯运移的主要通道，也是瓦斯积聚主要场所。

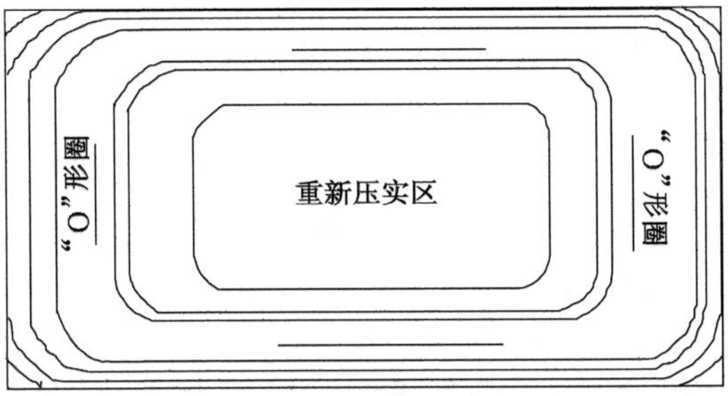

图 6-2 "O"形圈分布形态

6.1.2 采动覆岩垮落带高度理论分析

随着工作面的推进，煤层内的采空区将由其上覆岩层垮落、充填，由于岩层破碎后体积膨胀，当采空区上方岩层垮落一定高度后将填满采空区，其上部的岩层受下部垮落岩石的支撑不再垮落，但因压力过大和受力不均将产生裂隙。垮落带高度为垮落后能把采空区填满的岩层厚度与煤层开采高度之和，亦是垮落岩层膨胀的高度。设煤层开采高度为 h(m)，岩石的碎胀系数为 k_y，垮落带岩层厚度为 l(m)，垮落带高度为 H_k(m)，则有下列关系：

$$H_k = lk_y = h + l \tag{6-1}$$

由式(6-1)可得：

$$l = \frac{h}{k_y - 1} \tag{6-2}$$

将式(6-2)代入式(6-1)得：

$$H_k = \frac{k_y h}{k_y - 1} \tag{6-3}$$

根据煤层顶板岩石的碎胀系数 k_y，即可算出其垮落带的高度。但由于覆岩受力弯曲下沉、破裂变形，垮落带的真实高度往往小于理论计算值。根据经验公式，地层倾角小于 54°、煤层顶板岩石抗压强度小于 40 MPa 时，其垮落带高度不超过煤层厚度的 4 倍。垮落带最大高度经验计算公式可参考表 6-1。

表 6-1 垮落带最大高度经验公式

煤层倾角/(°)	岩石抗压强度/MPa	岩性	顶板管理方法	垮落带最大高度/m
0～54	40～60	辉绿岩、石灰岩、硅质石英岩、砾岩、砂砾岩、砂质页岩	全部陷落	$H_k = (4 \sim 5)M$
	20～40	砂质页岩、泥质砂岩、页岩	全部陷落	$H_k = (3 \sim 4)M$
	<20	风化岩石、页岩、泥质砂岩、黏土岩、第四系松散层等	全部陷落	$H_k = (1 \sim 2)M$

表 6-1(续)

煤层倾角/(°)	岩石抗压强度/MPa	岩性	顶板管理方法	垮落带最大高度/m
55～85	40～60	辉绿岩、石灰岩、硅质石英岩、砾岩、砂砾岩、砂质页岩	全部陷落	—
	<40	砂质页岩、泥质砂岩、页岩风化岩石、页岩、泥质砂岩、黏土岩、第四系松散层等	全部陷落	$H_k=0.5M$

注：H_k—垮落带高度，m；M—累计开采高度，m；n—煤层分层层数；m—煤层厚度，m；h—采煤工作面小阶段垂高，m。

根据矿压与岩层控制理论，长壁工作面煤层采出后，煤层顶板要垮落一部分充填采空区，这部分岩层一般称为垮落带岩层(相当于直接顶)；在采空区，随着未垮落岩层的沉降，自由空间的高度越来越小，直到不满足垮落几何条件，此刻下位裂隙岩层带就会形成一种平衡结构，若该结构的运动对采场矿压有明显影响，则该部分岩层相当于基本顶。有些学者称裂隙岩层带为裂隙带，但值得注意的是，裂隙带中包括基本顶，但不一定全部属于基本顶。裂隙带往上直至地表为弯曲下沉带的运动，被认为对采场矿压无明显的影响，所以垮落带的高度亦可通过煤层直接顶的厚度来确定。

放顶煤开采条件下，考虑到割煤和放煤的采出率不同，取总采出率为 85%，垮落顶煤的碎胀系数为 1.1，岩石的碎胀系数为 1.2，并按下式计算垮落带高度：

$$H_k=\frac{m-\Delta}{k_y-1} \tag{6-4}$$

式中 H_k ——垮落带高度，m；

m ——煤层厚度，m；

k_y ——岩石的碎胀系数；

Δ ——因丢煤而引起的充填厚度，$\Delta=mk_k(1-c)$，m；

c ——总采出率；

k_k ——垮落顶煤的碎胀系数。

由以上公式，可以根据天池煤矿采场覆岩的岩性特征对垮落带的大致高度进行预测，例如：401 工作面采空区理论垮落带高度为 13.8～21.5 m，平均为 18.5 m；301 工作面采空区理论垮落带高度为 15.0～20.0 m，平均为 17.5 m。

6.1.3 采动覆岩“三带”高度物理相似材料模拟

6.1.3.1 401 工作面采空区覆岩“三带”高度物理相似材料模拟

采动覆岩裂隙的产生、发展与时空分布特征的影响因素较多，物理过程复杂，现场测定受到多方面条件限制。然而，物理相似材料模拟实验却能排除现场某些随机因素的影响，寻找各物理量之间的复杂关系和变化规律，目前已成为采矿工程研究中广泛应用的方法。因此，本书采用物理相似材料模拟实验作为研究采空区覆岩“三带”高度的手段之一。

(1) 模型设计

① 模型原型

实验以 401 工作面为原型，其煤岩层物理力学性质如表 6-2 所列。

表 6-2　原型煤岩层物理力学性质(401 工作面)

序号	岩层名称	重力密度/(kN/m³)	弹性模量/MPa	抗压强度/MPa	泊松比	内聚力/MPa	剪胀角/(°)	内摩擦角/(°)
1	泥岩	20.80	20 019	20.5	0.20	3.7	8	31
2	砂质泥岩	26.40	56 767	37.7	0.28	5.5	8	34
3	中砂岩	26.60	50 430	55.7	0.28	9.1	10	31
4	碳质泥岩	15.00	35 234	14.8	0.24	3.1	8	22
5	细砂岩	26.20	43 020	69.0	0.26	7.7	10	31
6	粉砂岩	26.00	54 739	40.8	0.25	5.2	12	35
7	石灰岩	26.50	46 636	135.2	0.23	12.4	12	41
8	铝质泥岩	13.00	40 500	16.0	0.25	3.3	8	24
9	煤	14.60	14 142	13.5	0.28	2.9	8	20

② 相似常数确定

物理相似材料模拟实验以相似理论为基础，在研究采动覆岩的变形、移动和破坏过程以及采动裂隙的分布特点时，模型与原型之间必须在几何、运动、动力、边界条件和重要的物理力学参数等方面相似。实验采用二维平面模型，沿煤层走向进行模拟，模型几何、时间、重力密度和泊松比相似常数按实验要求选择，应力及强度相似常数根据相似定理进行确定，模型相似常数如表 6-3 所列，模型煤岩层物理力学性质如表 6-4 所列。

表 6-3　模型相似常数(401 工作面)

模型架尺寸/(mm×mm×mm)	相似常数					
	几何尺寸	时间	重力密度	泊松比	应力	强度
2 500×180×1 600	100	10	1.5	1.0	150	150

表 6-4　模型煤岩层物理力学性质(401 工作面)

岩层名称	重力密度/(kN/m³)	弹性模量/MPa	抗压强度/MPa	泊松比
泥岩	13.87	133.46	0.14	0.20
砂质泥岩	17.60	378.45	0.25	0.28
中砂岩	17.73	336.20	0.37	0.28
碳质泥岩	10.00	234.89	0.10	0.24
细砂岩	17.47	286.80	0.46	0.26
粉砂岩	17.33	364.93	0.27	0.25
石灰岩	17.67	310.91	0.90	0.23
铝质泥岩	8.67	270.00	0.11	0.25
煤	9.73	94.28	0.09	0.28

③ 测点布置

模型共布置 10 排测线，其中第 1～3 排测线分别布置 24 个测点，第 4～10 排测线分别布置 20 个测点(图 6-3 及表 6-5)。

图 6-3　模型位移测点布置图(401 工作面)

表 6-5　模型位移测点布置表(401 工作面)

测线编号	测点数/个	第 1 测点距边界距离/m	距 15 煤层顶板距离/m	布置层位
1	24	40	5.0	中砂岩
2	24	40	13.5	$14_{下}$煤层
3	24	40	20.5	K_2石灰岩
4	20	60	32.5	细砂岩
5	20	60	44.5	砂质泥岩
6	20	60	56.5	K_4石灰岩
7	20	60	73.5	9 煤层
8	20	60	80.5	中砂岩
9	20	60	97.5	泥岩
10	20	60	109.5	中砂岩

④ 模型制作

a. 按已计算好的模型中各分层材料的所需量,称出相应配料的质量,并将各种配料装在一个搅拌装置内。

b. 先将干料拌匀,再从水桶中量取适量的水,倒进配好的材料中,立即进行搅拌,防止凝块。

c. 将搅拌均匀的材料倒入模型支架上,用铁块将装好的材料夯实,以保持所要求的重力密度。然后用壁刀在其表面约隔 10 cm 划上岩石自然裂隙,再在其表面均匀地撒上一层云母粉以模拟层面,再次用壁刀将表面抹平。这样就装好了一个岩层模型,压紧后的模型高度应基本上符合计算时的分层高度。

d. 依次序将其他岩层按以上步骤装好,直到所有岩层都装到架子上为止。

e. 等模型变干以后,在其表面用大头针插上测标,模型便制作完成。模型铺设高度为 1.36 m。

f. 对于模型上未能模拟的岩层厚度,采用加配重的方式实现。

(2) 实验现象分析

① 覆岩关键层确定

采场上部覆岩是一系列岩层的有序组合，而层状组合中有一层或几层较为坚硬的厚岩层对整个上覆岩体的变形与破坏起主要的作用，这种坚硬的岩层称为关键层，且多数上覆岩层中的关键层不止一层。当某一关键层破断时，与上部全部岩层的下沉变形相互协调一致时，称为主关键层；而与局部岩层下沉变形一致，则称为亚关键层。工作面初采时，直接顶不规则垮落形成的散体堆积高度不能完全充满采空区，随着工作面的推进，垮落高度增大，基本顶岩层中所形成的结构因垮落或回转变形逐渐失去平衡而垮落。在煤层开采时，垮落和开采空间的增大使煤层顶板岩层不能形成稳定结构，而呈分层垮落。根据钱鸣高院士等人的关键层理论以及本次实验现象可知，在本次实验范围内的煤岩层共有 8 层关键层，如表 6-6 所列。

表 6-6　关键层判别结果(401 工作面)

岩层编号	岩性	破断时推进距离/m	关键层
40	中砂岩	弯曲，未断	主关键层
39	泥岩	明显弯曲，未断	第 7 亚关键层
35	砂质泥岩	170	第 6 亚关键层
27	K_4石灰岩	142	第 5 亚关键层
22	砂质泥岩	118	第 4 亚关键层
14	细砂岩	95	第 3 亚关键层
12	K_2石灰岩	85	第 2 亚关键层
5	中砂岩	31	第 1 亚关键层

② 覆岩下沉规律分析

煤层开采后，采空区上方的覆岩由弹性状态逐渐向塑性状态转变，当工作面推进到一定距离时，其上覆岩体发生移动、破断及垮落，从而形成“竖三带”(垮落带、裂隙带和弯曲下沉带)。其中在垮落带，岩层断裂成块状，杂乱堆放；在裂隙带，岩层产生变形、断裂和裂隙；在弯曲下沉带，岩层整体结构基本上未受到破坏。模型推进 170 m 和 220 m 时测点的下沉量如图 6-4 和图 6-5 所示。

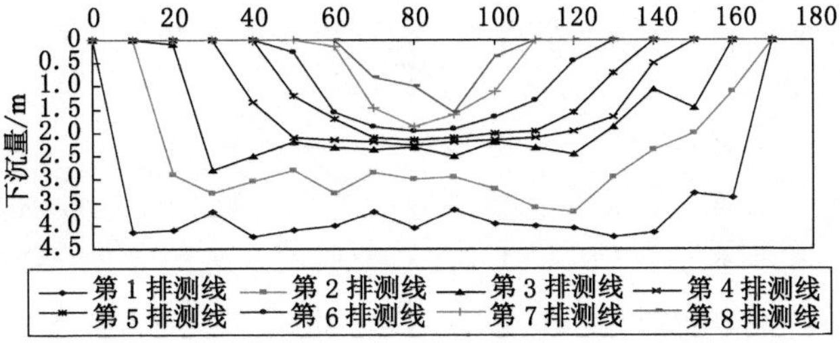

图 6-4　模型推进 170 m 时测点的下沉量(401 工作面)

由图 6-4 和图 6-5 可知，第 1～3 条下沉曲线间距较大，第 4～10 条下沉曲线间距逐渐减小，因此可认为第 3 排测线下方为垮落带，第 10 排测线下方为裂隙带。位于裂隙带及弯曲

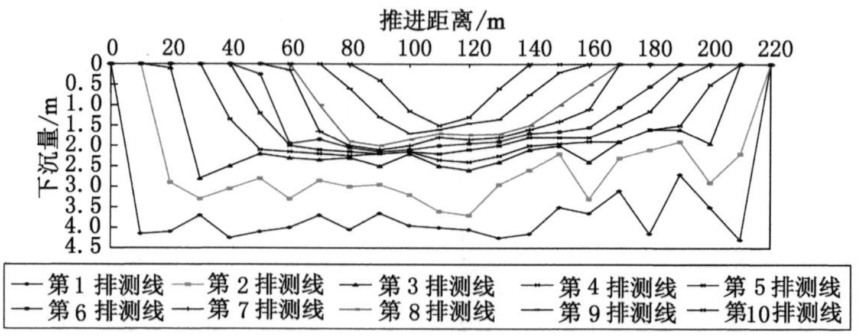

图 6-5　模型推进 220 m 时测点的下沉量(401 工作面)

下沉带范围内的覆岩,在采动过程中都经历一个连续的动态下沉移动过程,且离煤层顶板越远,下沉过程越连续,其下沉曲线的形态与地表点的相似。而离煤层越近的覆岩垮落后,其下沉曲线越不规则。一般上位岩层的下沉曲线与地表的相似,并且下沉值较下位岩层的要小;位于垮落带之下的覆岩最大下沉量基本上位于来压之处,而之上的覆岩垮落后,最大下沉量则基本上是位于采空区的中部。

③ 覆岩“三带”高度分析

对于高瓦斯特厚煤层的综放开采,除了要关注覆岩采动裂隙带分布形态外,还应注意研究采动覆岩垮落及离层高度的动态变化,以全面分析瓦斯在采动裂隙带内的运移和聚集形态。煤层开采后,覆岩将发生变形、移动、破断和垮落,从而导致破断裂隙、离层裂隙的出现,破断裂隙、离层裂隙高度与工作面推进距离之间的关系如图 6-6 所示。

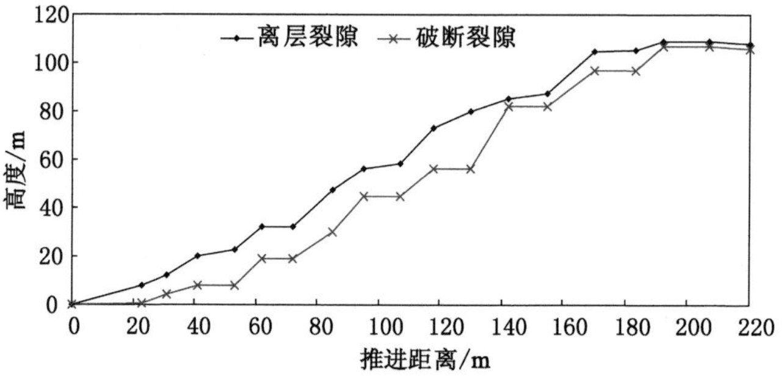

图 6-6　破断裂隙、离层裂隙高度与工作面推进距离之间的关系(401 工作面)

由图 6-6 可知,破断裂隙、离层裂隙的发展及岩层移动并不完全同步,由下往上发展是非匀速的,一般离层裂隙的发展速度比破断裂隙快一些,但并非每一个综放循环都有覆岩离层的变化,是在经过若干循环后才有离层的动态变化。模型显示,推进 5～7 m 时,覆岩离层范围有扩大并且离层位置有升高的趋势,而当关键层发生破断、垮落时,这种变化非常明显。在上位关键层未垮落前,离层范围有扩大趋势,但当离层发展到主关键层后,离层位置不再升高。

综放开始时,覆岩活动过程中形成稳定结构的层位远离煤层,从而使垮落带高度增大;同时,综放工作面附近煤体所承受压力的降低使支承压力转移到煤体深部,顶煤过早发生位移并出现裂隙,结果导致顶板向采空区倾斜,从而出现多条裂隙,其中包括破断裂隙和离层裂隙。模型实验结果(图 6-7)表明,距煤层底板 20～22 m 高度以下竖向破断裂隙较为发育,离层裂隙范围在 108 m 以下。同时发现,97～108 m 之间形成离层的覆岩只是弯曲,尚未发生破断，所以可知此范围位于弯曲下沉带。因此，垮落带高度为20～22 m，裂隙带最大高度约为97 m，之上为弯曲下沉带。

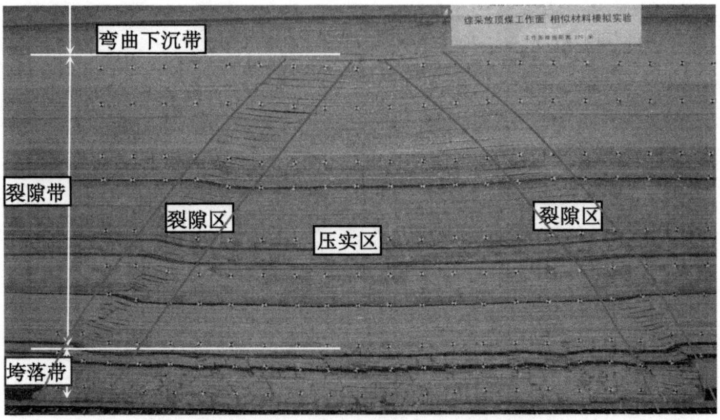

图6-7　模型区带划分(401工作面)

6.1.3.2　301工作面采空区覆岩“三带”高度物理相似材料模拟

(1) 模型设计

① 模型原型

实验以301工作面原型，其煤岩层物理力学性质如表6-7所列。

表6-7　原型煤岩层物理力学性质(301工作面)

序号	岩层名称	重力密度/(kN/m³)	弹性模量/MPa	抗压强度/MPa	泊松比	内聚力/MPa	剪胀角/(°)	内摩擦角/(°)
1	泥岩	20.80	20 019	20.5	0.20	3.7	8	31
2	砂质泥岩	26.40	56 767	37.7	0.28	5.5	8	34
3	中砂岩	26.60	50 430	55.7	0.28	9.1	10	31
4	碳质泥岩	15.00	35 234	14.8	0.24	3.1	8	22
5	细砂岩	26.20	43 020	69.0	0.26	7.7	10	31
6	粉砂岩	26.00	54 739	40.8	0.25	5.2	12	35
7	石灰岩	26.50	46 636	135.2	0.23	12.4	12	41
8	铝质泥岩	13.00	40 500	16.0	0.25	3.3	8	24
9	煤	14.60	14 142	13.5	0.28	2.9	8	20

② 相似常数确定

模型相似常数如表6-8所列，模型煤岩层物理力学性质如表6-9所列。

表6-8　模型相似常数(301工作面)

模型架尺寸/(mm×mm×mm)	相似常数					
	几何尺寸	时间	重力密度	泊松比	应力	强度
3 000×200×1 200	100	10	1.5	1.0	150	150

表 6-9 模型煤岩层物理力学性质(301 工作面)

岩层名称	重力密度/(kN/m³)	弹性模量/MPa	抗压强度/MPa	泊松比
泥岩	13.87	133.46	0.14	0.20
砂质泥岩	17.60	378.45	0.25	0.28
中砂岩	17.73	336.20	0.37	0.28
碳质泥岩	10.00	234.89	0.10	0.24
细砂岩	17.47	286.80	0.46	0.26
粉砂岩	17.33	364.93	0.27	0.25
石灰岩	17.67	310.91	0.90	0.23
铝质泥岩	8.67	270.00	0.11	0.25
煤	9.73	94.28	0.09	0.28

③ 测点布置

模型共布置 10 排测线,每排测线分别布置 21 个测点(图 6-8 及表 6-10)。

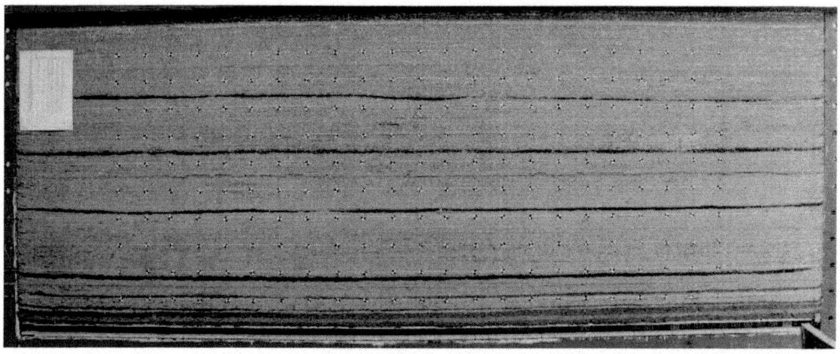

图 6-8 模型位移测点布置图(301 工作面)

表 6-10 模型位移测点布置表(301 工作面)

测线编号	测点数/个	第 1 测点距边界距离/m	距 15 煤层顶板距离/m	布置层位
1	24	40	5.0	泥岩
2			11.0	泥岩
3			19.0	K_2石灰岩
4			32.5	细砂岩
5			41.0	K_3石灰岩
6			51.5	砂质泥岩
7			61.5	K_4石灰岩
8			71.0	砂质泥岩
9			82.0	中砂岩
10			91.5	细砂岩

④ 模型制作

模型制作过程参见 6.1.3.1 小节相关内容。

(2) 实验现象分析

① 来压步距分析

距离模型架左边界 50 cm 处凿开切眼，开切眼 8 cm(图 6-9)，每隔 15 min 推进一次，每次推进 2 cm。

图 6-9　开切眼及测点布置(301 工作面)

当工作面推进 8 m(原型值，合模型 8 cm，下同)时，由于直接顶岩性较弱，此时工作面上方竖向裂隙逐渐增多，伪顶初次垮落，垮落高度距煤层顶板 1.8 m，空洞高度为 4.7 m。

当工作面推进 34 m 时，此时出现初次来压，14 煤层破断垮落，上覆岩层离层裂隙加大，显现出向上发展的趋势。工作面继续向前推进，顶板裂隙继续发展，推进 52 m 时，发生第 1 次周期来压，来压步距为 18 m，覆岩垮落高度为 12.0 m。当工作面推进 68 m 时，发生第 2 次周期来压，来压步距为 16 m，工作面出现较大范围的垮落，垮落高度为 16.2 m。当工作面推进 84 m 时，发生第 3 次周期来压，来压步距为 16 m，顶板垮落高度为 19.2 m。

之后，随工作面推进离层裂隙有向上发展的趋势，当工作面推进 128 m 时，发生第 5 次周期来压(图 6-10)。当工作面推进 172 m 时，发生第 7 次周期来压(图 6-11)。当工作面推进 190 m 时，发生第 8 次周期来压，离层裂隙已趋于闭合(图 6-12)。

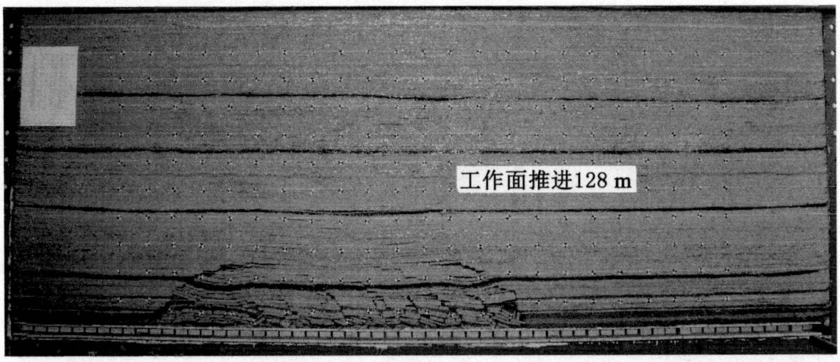

图 6-10　工作面推进 128 m 时垮落形态(301 工作面)

据统计，14 煤层随着基本顶垮落呈周期性垮落，其垮落步距与周期来压同步。工作面每推进 13～22 m 时发生一次周期来压，平均为 17.4 m。

② 覆岩下沉规律分析

模型不同推进距离时测点的下沉量如图 6-13 和图 6-14 所示，由图可知，覆岩下沉规律与前述 401 工作面模型得到的覆岩下沉规律基本一致。

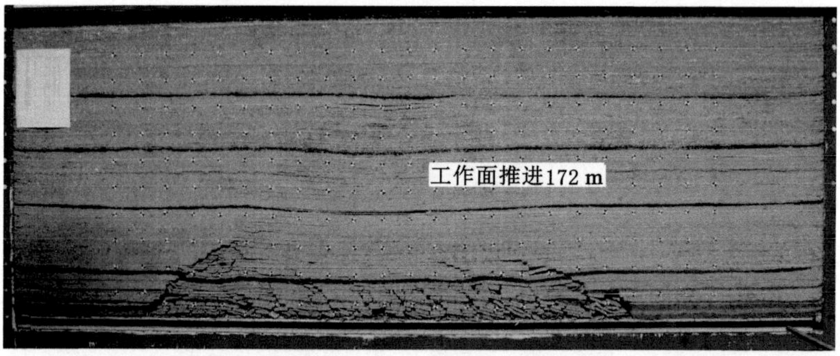

图 6-11　工作面推进 172 m 时垮落形态(301 工作面)

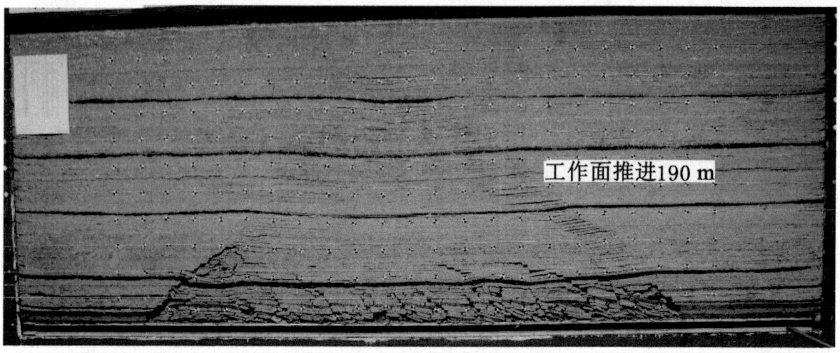

图 6-12　工作面推进 190 m 时垮落形态(301 工作面)

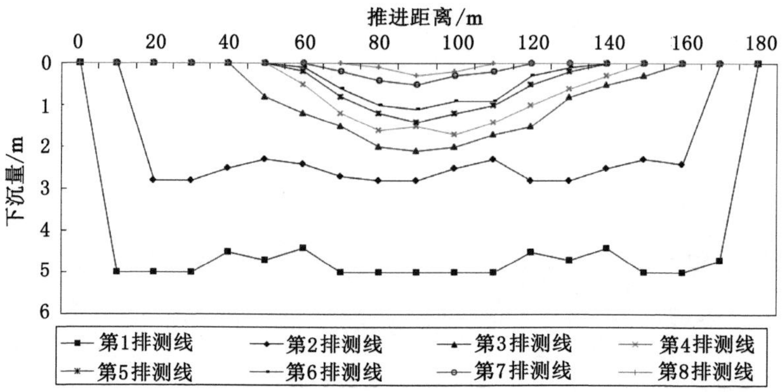

图 6-13　模型推进 172 m 时测点的下沉量(301 工作面)

③ 覆岩“三带”高度分析

破断裂隙、离层裂隙高度与工作面推进距离之间的关系如图 6-15 所示，由图可知，破断裂隙、离层裂隙的发展及岩层移动并不完全同步，由下往上发展是非匀速的，一般离层裂隙的发展速度比破断裂隙快一些。实验表明，推进 13～22 m 时，覆岩离层范围有扩大并且离层位置有升高的趋势，而当关键层发生破断、垮落时，这种变化非常明显。在上位关键层未垮落前，离层范围有扩大趋势，但当离层发展到主关键层后，离层位置不再升高。

工作面开始推进时，覆岩活动过程中形成稳定结构的层位远离煤层，从而使垮落带高度增大；同时，工作面附近煤体所承受压力的降低使支承压力转移到煤体深部。实验结果

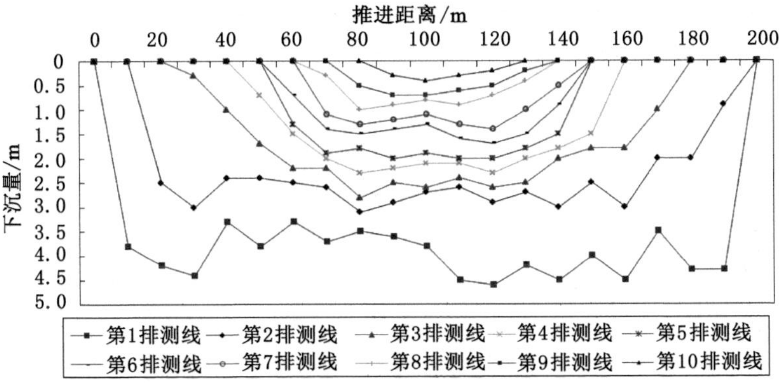

图 6-14 模型推进 190 m 时测点的下沉量(301 工作面)

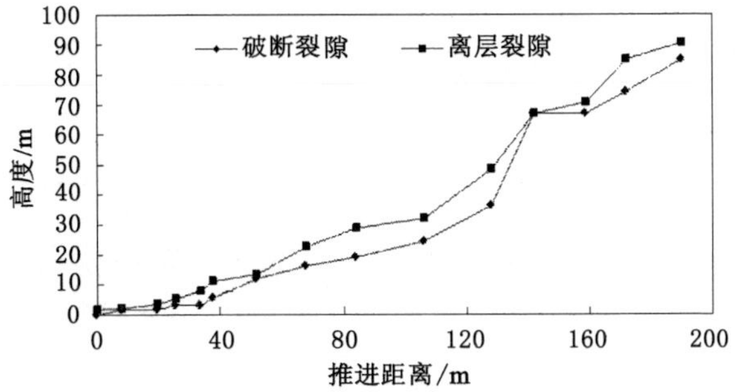

图 6-15 破断裂隙、离层裂隙高度与工作面推进距离之间的关系(301 工作面)

(图 6-16)表明,距煤层底板 22.0～23.5 m 高度以下竖向破断裂隙较为发育,离层裂隙范围在 105.0 m 以下,同时发现,90.6～105.0 m 之间形成离层的覆岩只是弯曲,尚未发生破断,由此可知此范围位于弯曲下沉带。因此,垮落带高度为 22.0～23.5 m,裂隙带最大高度约为 90.6 m,之上为弯曲下沉带。

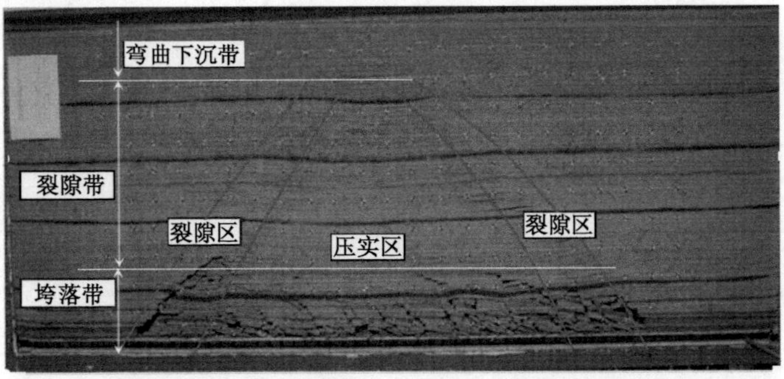

图 6-16 模型区带划分(301 工作面)

④ 裂隙密度与工作面推进距离之间的关系

根据 301 工作面采动覆岩裂隙的分布形态,定义采场两侧的裂隙区宽度分别为 A_1、A_2。实验测试结果显示,开切眼附近裂隙发育区宽度 A_1 基本上等于上覆岩层初次来压步距,而工作面附近裂隙区宽度 A_2 则在 1～2 倍周期来压步距之间变化。同时,经过 2～3 个周期来压步距后，煤壁附近覆岩破断裂隙密度大于开切眼处覆岩受采动影响所产生的裂隙密度。模型不同推进距离下裂隙区宽度如表 6-11 所列。

表 6-11 模型不同推进距离下裂隙区宽度(301 工作面)

初次来压步距/m	平均周期来压步距/m	裂隙区宽度		
		推进距离/m	A_1/m	A_2/m
34	17.4	68	33	22
		84	32	23
		102	33	22
		128	32	24
		142	33	25
		159	34	27
		172	32	23
		190	33	22
		平均	32.6	23.5

为定量描述采动裂隙的发育程度，以裂隙密度表示裂隙的发展过程，根据实验数据，绘出工作面推进 102 m 及 190 m 时，开切眼至采煤工作面覆岩破断裂隙密度分布的情况，如图 6-17 所示。

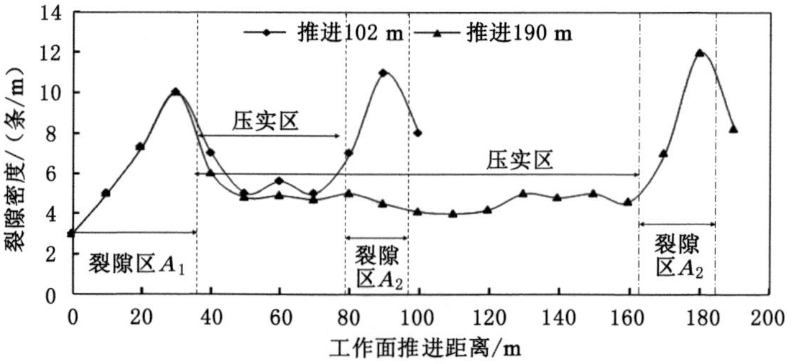

图 6-17 开切眼至采煤工作面覆岩破断裂隙密度分布的情况

由图 6-17 可知，覆岩破断裂隙的发生、发展同离层裂隙分布规律大体相似，分为三个阶段：① 开切眼到顶板初次来压前。在此阶段内，顶板岩层随着工作面的推进，由初次开挖的弹性变形向塑性变形、破坏发展，直到出现破断裂隙，且裂隙密度不断增加，至工作面初次来压时，裂隙密度达到最大。② 顶板初次来压后周期性矿压显现的正常回采期。在此阶段内，随着覆岩的垮落，破断裂隙向较高层位发展，但当工作面推进到一定距离后，采空区中部垮落矸石被重新压实，裂隙密度迅速减小。③ 采煤工作面附近。在此阶段内，由于支架等支承作用，覆岩破断裂隙分布的密度仍然很大。

通过物理相似材料模拟实验能清楚看到，覆岩采动裂隙的发生、发展完全决定于关键层在开采过程中所形成的砌体梁结构及其破断失稳形态。在开切眼及正回采的工作面附近，覆岩裂隙较为发育；在采空区中部，垮落矸石及规则移动带岩体将覆岩裂隙压实，这样就出现覆岩采动裂隙发育带。

6.1.4 采动覆岩“三带”高度数值模拟

6.1.4.1 401 工作面采空区覆岩“三带”高度数值模拟

(1) RFPA 软件简介

RFPA(realistic failure process analysis,真实破坏过程分析)是一种能够模拟材料渐进破坏过程的数值仿真计算工具,其计算方法主要基于有限元理论和统计损伤理论。该软件考虑了材料的非均质性、缺陷分布的随机性,并把材料性质的统计分布结合到有限元计算方法中,对满足给定强度准则的单元进行破坏处理,从而使得非均质性材料破坏过程的数值模拟得以实现,因而能够解决岩土工程中其他多数数值模拟软件无法解决的问题。

RFPA 软件的工作流程如图 6-18 所示。

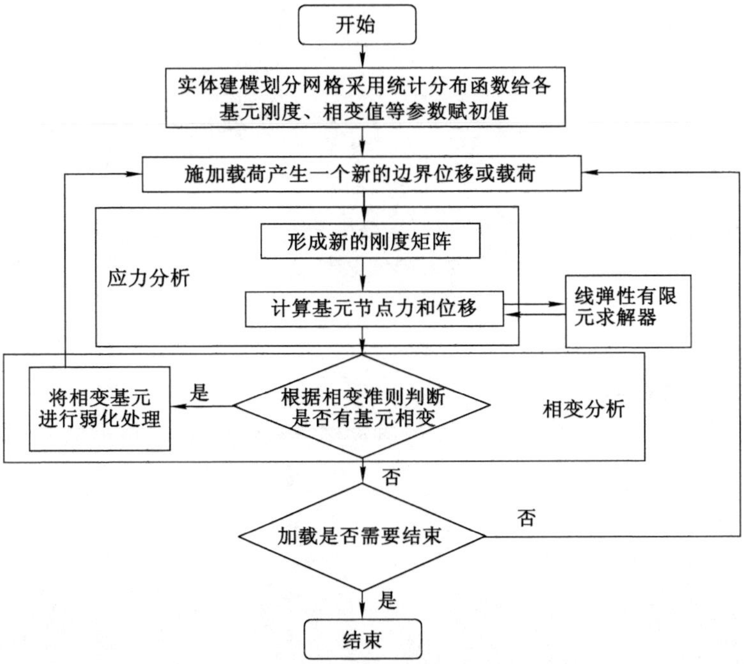

图 6-18 RFPA 软件的工作流程

随着煤层的开采,煤岩体中的应力重新分布,原岩应力平衡结构被破坏,由此会产生大量的离层、破断裂隙使煤岩体渗透性改变,这样必然导致煤体中的瓦斯卸压、运移。而岩石本身是一种复杂的非均匀材料,其细观基元体尺寸取得越小材料越均匀,弹-脆性的性质就越明显。因此,从这种意义上说假定细观基元体是弹-脆性材料是合理的。在一个统一的变形场中,微破裂不断产生的原因除了载荷不均、形态不够光滑等结构因素形成应力集中之外,更主要的是细观基元体抵抗力(强度)的不均匀性。可以看出,材料的非线性特征与其细观基元体参数的非均匀性有直接联系。基于连续、均匀介质理论框架的非线性有限元只是抓住了材料变形“非线性”这个宏观特征,其处理方法是将这个宏观特征假设的非线性本构关系作为基元的性质(细观特征)而参与分析计算。它忽略了组成模型的基元的个体性质(非均匀性),使计算结果不存在宏、细观的差异。但事实上,由于岩石类介质的极度不均匀性,它们的性质在宏、细观方面存在很大的差异。尽管这种细观基元的力学特性比较简单,但是一些复杂的破坏现象仍然可能通过它们的演化来描述。

（2）数值模型建立及网格划分

采用平面应变模型，建立 401 工作面走向数值模型，其水平方向取 200 m，垂直方向取 120 m，煤层采高取 4.5 m，共划分 200×120＝24 000 个网格，如图 6-19 所示。为了简化模型，在划分时对性质相近的岩层进行了合并处理，在岩层之间增加了强度较小的薄分层作为层理。模型每步开挖 4.0 m，共开挖 35 步，工作面两端各保留 30 m 的煤柱。

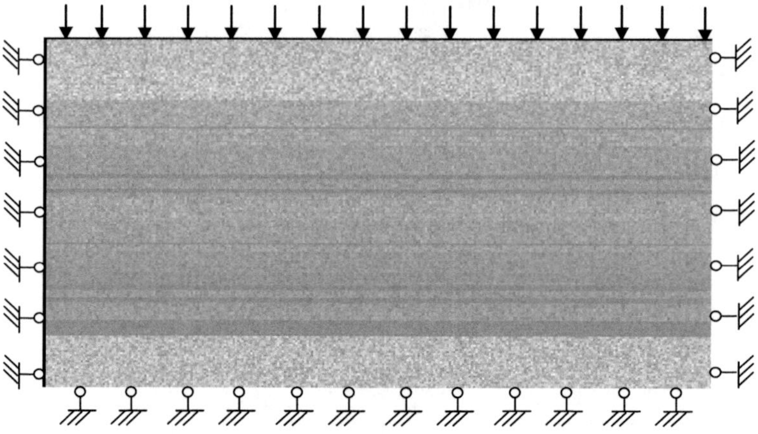

图 6-19　401 工作面走向数值模型

（3）数值模拟结果分析

采高为 4.5 m 时，401 工作面走向数值模型采动裂隙演化过程如图 6-20 所示。

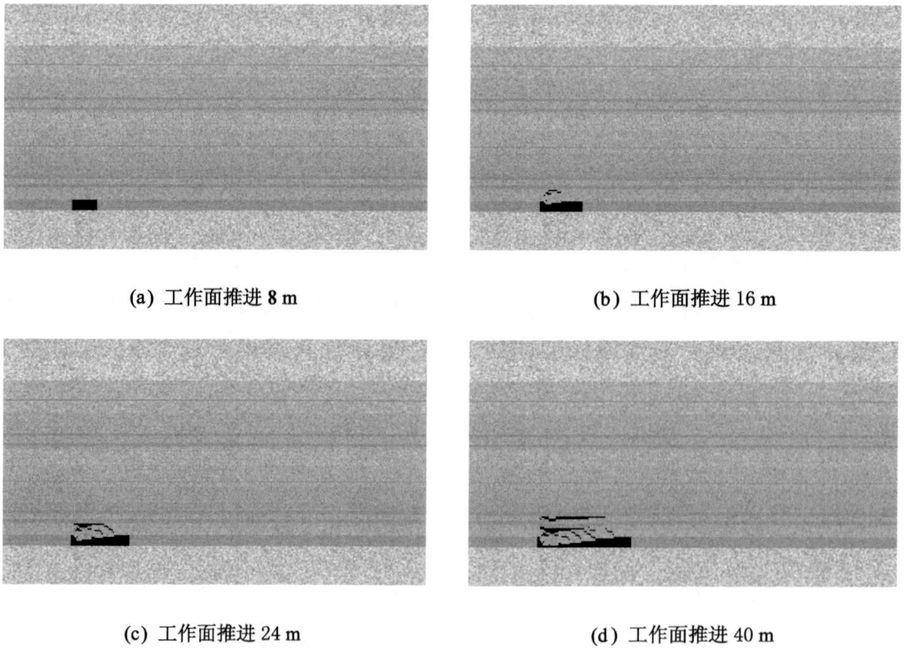

(a) 工作面推进 8 m

(b) 工作面推进 16 m

(c) 工作面推进 24 m

(d) 工作面推进 40 m

图 6-20　401 工作面走向数值模型采动裂隙演化过程

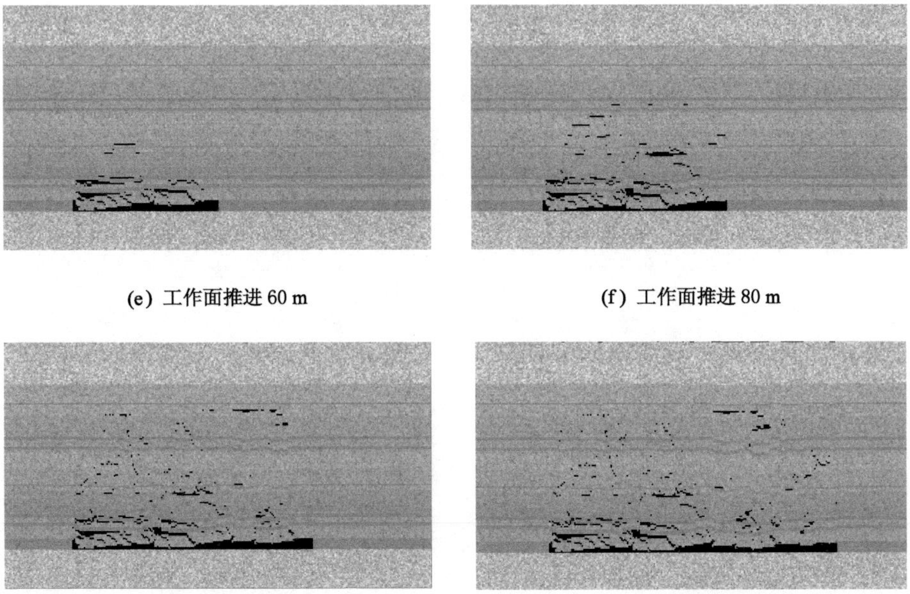

(e) 工作面推进 60 m　　(f) 工作面推进 80 m

(g) 工作面推进 108 m　　(h) 工作面推进 140 m

图 6-20 （续）

由图 6-20 可知，随着工作面的推进，煤层上方的岩层不断垮落，最终形成一定的垮落带、裂隙带、弯曲下沉带。当工作面推进 16 m 时，煤层的直接顶初次垮落。直接顶随着工作面的推进而不断垮落，同时破断裂隙逐渐向上发展，并出现台阶式下沉。当工作面推进 24 m 时，直接顶垮落，破断裂隙高度距煤层底板 7 m 左右。当工作面推进 40 m 时，第 1 次周期来压，破断裂隙高度发展至距煤层底板 12 m。当工作面推进 60 m 时，破断裂隙高度发展至距煤层底板 18 m。当工作面推进 80 m 时，裂隙继续向上发展，但垮落带高度增加幅度较小（距煤层底板 20 m），裂隙高度最大距煤层底板 50 m 左右。当工作面推进 108 m 时，裂隙向上发展至距煤层底板 60 m。当工作面推进 140 m 时，91～108 m 之间形成离层的覆岩只是弯曲，尚未发生破断，由此可知此范围位于弯曲下沉带。因此，当采高为 4.5 m 时，401 工作面采空区覆岩垮落带高度约为 20 m，裂隙带最大高度约为 91 m，之上为弯曲下沉带。

6.1.4.2　301 工作面采空区覆岩“三带”高度数值模拟

（1）数值模型建立及网格划分

采用平面应变模型，建立 301 工作面走向数值模型，其水平方向取 275 m，垂直方向取 120 m，煤层采高取 4.5 m，共划分 275×120＝33 000 个网格，如图 6-21 所示。为了简化模型，在划分时对性质相近的岩层进行了合并处理，在岩层之间增加了强度较小的薄分层作为层理。模型每步开挖 3.5 m，共开挖 50 步，工作面两端各保留 50 m 的煤柱。

（2）数值模拟结果分析

采高为 4.5 m 时，301 工作面走向数值模型采动裂隙演化过程如图 6-22 所示。

由图 6-22 可知，当采高为 4.5 m 时，301 工作面采空区覆岩垮落带高度约为 22.5 m，裂隙带最大高度约为 97.8 m。

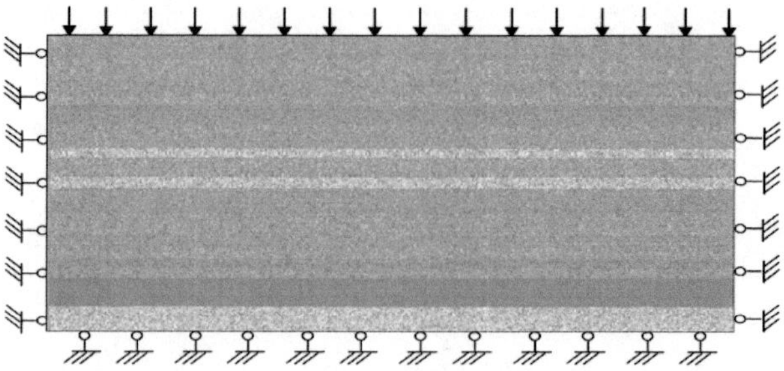

图 6-21　301 工作面走向数值模型

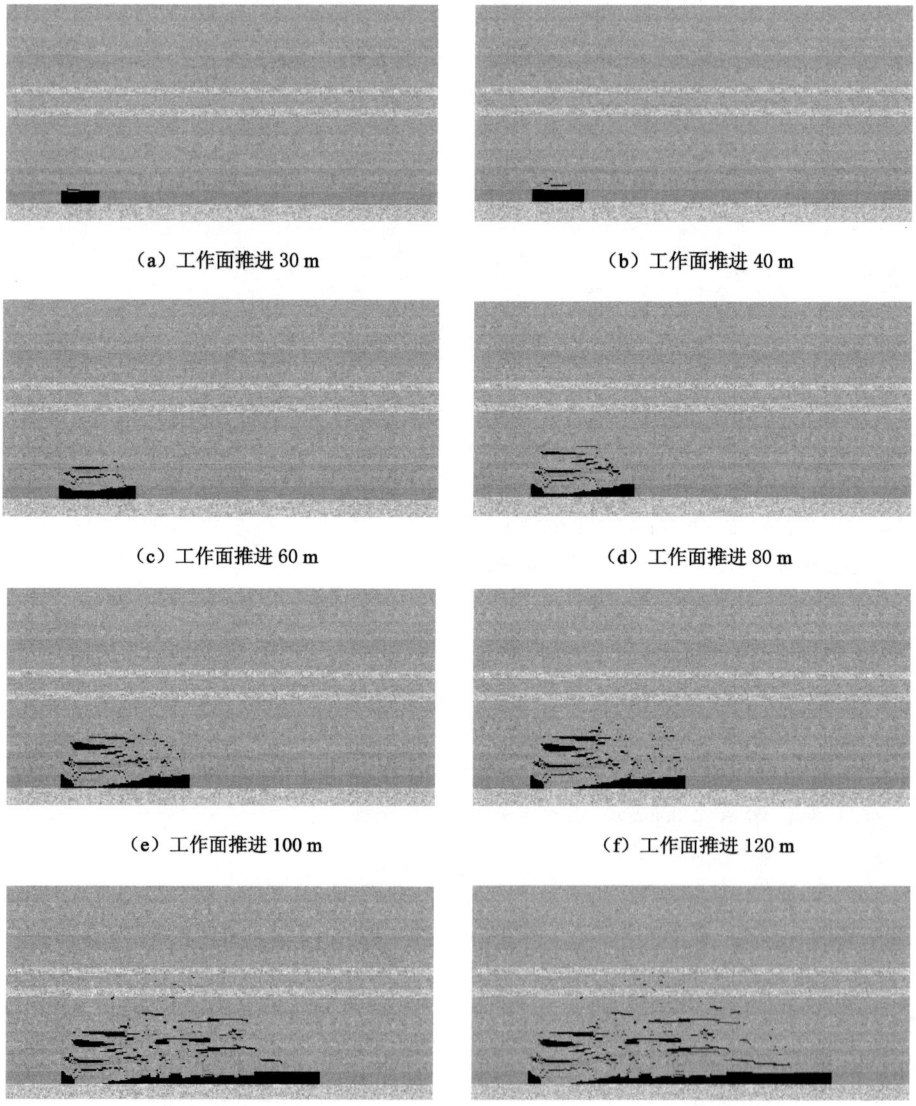

（a）工作面推进 30 m

（b）工作面推进 40 m

（c）工作面推进 60 m

（d）工作面推进 80 m

（e）工作面推进 100 m

（f）工作面推进 120 m

（g）工作面推进 210 m

（h）工作面推进 225 m

图 6-22　301 工作面走向数值模型采动裂隙演化过程

6.1.5　采动覆岩垮落带高度现场实测

6.1.5.1　401 工作面采空区覆岩垮落带高度现场实测

（1）高抽巷抽采瓦斯效果推断垮落带高度方法原理

可以通过高抽巷抽采瓦斯效果来分析垮落带高度，其基本原理为：高抽巷开始抽采时瓦斯浓度和流量小，这是因为高抽巷周围煤（岩）层还没有卸压，邻近层瓦斯还没有解吸，且采空区瓦斯无法运移到高抽巷巷口；随着工作面的逐步推进，高抽巷周围煤（岩）层充分卸压，采动裂隙也逐步向上发展，瓦斯抽采浓度逐步升高到最高浓度，而后经过一段稳定抽采后开始上下波动。因此，可以根据抽采过程中的始抽段、高浓度段和波动段，来分析确定垮落带的高度。

一般如果将高抽巷布置在垮落带范围，尽管处于充分卸压带，但因邻近层容易受到破坏很快垮落，使其中的高抽巷也被破坏，难以起到持续抽采瓦斯的作用。如果将高抽巷布置在裂隙带，因邻近层充分卸压，透气性能大大增加，赋存在煤层及围岩中的瓦斯容易大量释放，有利于高抽巷的瓦斯抽采。其中如果太接近垮落带，虽对解决涌入工作面的瓦斯有很大作用，但易抽走工作面空气，瓦斯抽采浓度不高；如果布置在裂隙带上部，虽然可以抽采一定量的邻近层瓦斯，但不能防止下部卸压瓦斯大量涌入采煤工作面。因此，高抽巷在采动裂隙带的布置层位应处于裂隙带下部靠近垮落带附近，一般与垮落带间距为 2～3 倍采高。

（2）现场实测分析

根据 401 工作面现场实际观测，顶板高抽巷层位与瓦斯抽采浓度的关系如图 6-23 所示。

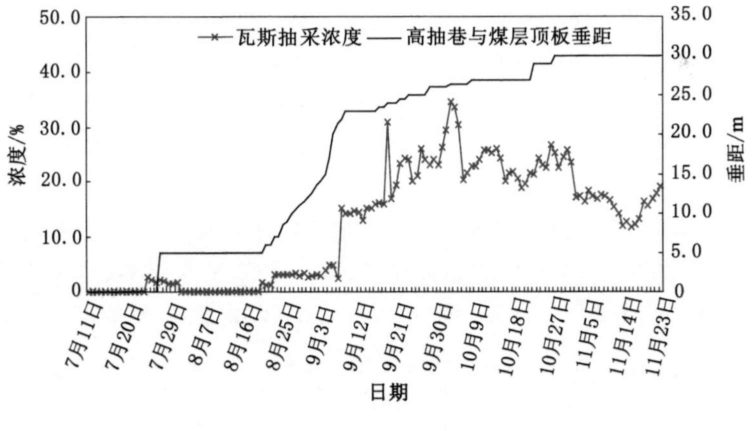

图 6-23　顶板高抽巷层位于瓦斯抽采浓度的关系

由图 6-23 可知，在 7 月 11 日—24 日由于顶板充分卸压范围未达到高抽巷层位，高抽巷未起作用，7 月 25 日以后（工作面推进 28.85 m）高抽巷开始抽采出瓦斯，瓦斯抽采浓度为 2.8%，抽采混合量为 130 m^3/min。8 月 2 日—20 日由于工作面停产，高抽巷未予抽采，8 月 21 日以后，工作面恢复正常生产，在 9 月 8 日之前（工作面推进 60.00 m）高抽巷层位位于垮落带范围，瓦斯抽采浓度为 1.6%～4.8%，平均为 2.99%，整体较低。9 月 9 日之后（工作面推进 62.20 m）高抽巷层位位于垮落带之上裂隙带范围（此时高抽巷与煤层顶板垂距为 22 m左右），瓦斯抽采浓度达到 15%左右，随工作面的推进，高抽巷的瓦斯抽采浓度和抽采混合量逐渐增加。因此，可认为垮落带高度大约是在 22 m。

6.1.5.2 301 工作面采空区覆岩垮落带现场实测

由于 301 工作面不具备现场实测采动覆岩“三带”高度的试验条件，本次现场实测以与该工作面相邻采区 201 工作面的覆岩“三带”高度现场实测来进行类比分析。

(1) 探测仪器测量步骤

探测仪器采用 YTJ20 型钻孔窥视仪对沿空巷道上覆基本顶破断结构特征进行观测。YTJ20 型钻孔窥视仪如图 6-24 所示。

图 6-24 YTJ20 型钻孔窥视仪

YTJ20 型钻孔窥视仪由 CCD(电荷耦合元件)微型探头、图像转换器、发光体、放大器、信号转换器、稳压电源、数码录像器等组成，主要用来探测钻孔中岩层的构造，可以探测、测量、记录裂缝，也可以发现填有钻屑的裂缝。它探测的图像记录在硬盘上，通过多次实测图像的对比，可描述出巷道围岩离层、错位、破碎变化情况，并通过与计算机连接，图像可转换为计算机格式的图形文件，然后可以进一步处理。

YTJ20 型钻孔窥视仪测量步骤如图 6-25 所示，具体为：① 在岩层中打直径不小于 42 mm的钻孔，并用水冲干净孔内的岩石碎块；② 将 CCD 微型探头、稳压电源、数码录像器通过电缆线连接在一起，并将 CCD 微型探头安装在支撑圆管上，然后将 CCD 微型探头送到

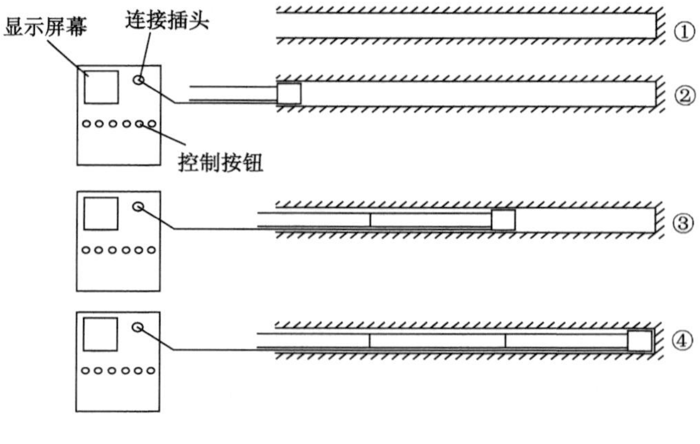

图 6-25 YTJ20 型钻孔窥视仪测量步骤

钻孔孔口后，开启稳压电源，打开数码录像器开关；③ 将 CCD 微型探头用金属杆送入钻孔内，然后缓慢向孔内方向移动 CCD 微型探头，并且间隔一定的距离记录下采集图像的时间；④ 继续进行上一步骤，直至钻孔孔底为止。测量结束后，将采集到的图像送至实验室进行处理，即可得出覆岩垮落带高度。

(2) 钻孔参数及其布置

为观测顶板覆岩破断结构，设计钻孔布置如图 6-26 所示，设计钻孔参数如表 6-12 所列，其中受 202 工作面回风巷宽度条件限制，为了尽量减少对生产的影响，各钻孔与巷道轴线有一定倾角而并非呈 90°角。

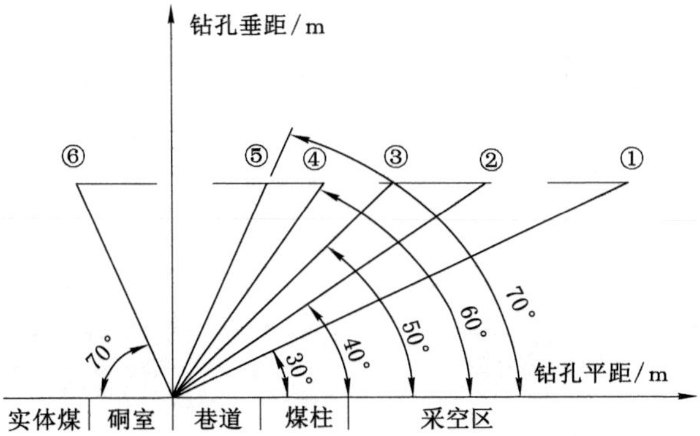

图 6-26　设计钻孔布置

表 6-12　设计钻孔布置参数

钻孔标号	钻孔方向	钻孔直径/mm	钻孔长度/m	钻孔倾角/(°)
①	朝采空区	42	40	30
②	朝采空区	42	40	40
③	朝采空区	42	35	50
④	朝采空区	42	30	60
⑤	朝采空区	42	30	70
⑥	朝实体煤	42	30	−70

由于沿空巷道正在掘进，巷道安装有带式输送机，现场空间狭小。打钻孔时间较长，对掘进工作面正常工作影响较大，因此在实际打钻孔时采用一定偏转角，如图 6-27 所示。

(3) 探测结果分析

各钻孔孔内图像如图 6-28～图 6-33 所示。

为了便于判断钻孔内裂隙与煤柱的相对位置，建立如图 6-34 所示的坐标系，设钻孔中裂隙所在位置的深度为 L，裂隙所在位置坐标为(x，y，z)。x 轴平行于巷道轴线，水平指向掘进头，y 轴垂直于煤柱，水平指向采空区方向，z 轴竖直向上。因各钻孔位置分布在距离钻孔孔口 0.5 m 范围内，假设原点位置在钻孔孔口附近，裂隙所在位置坐标(x，y，z)按式(6-5)计算。

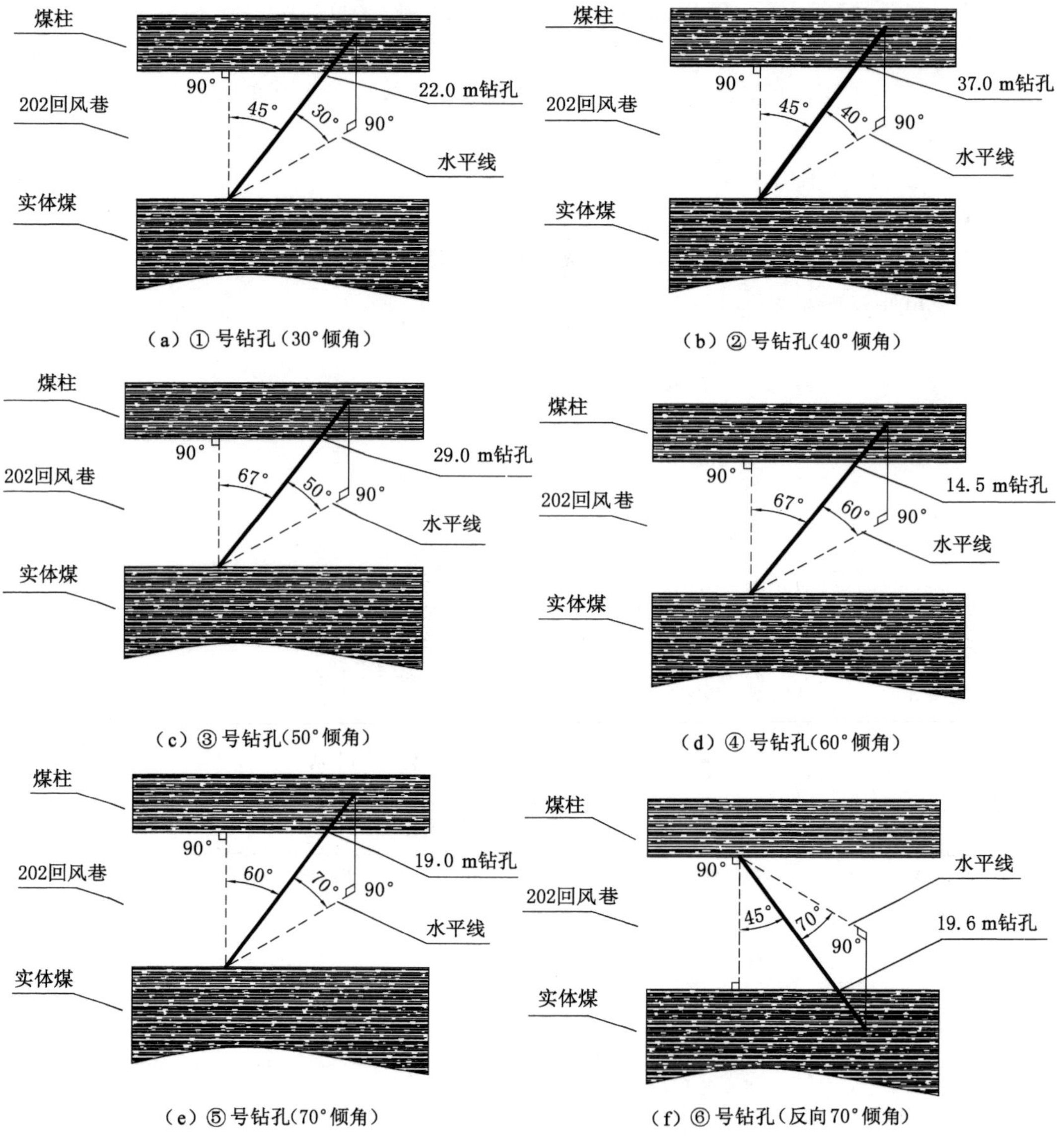

(a) ①号钻孔(30°倾角)　(b) ②号钻孔(40°倾角)

(c) ③号钻孔(50°倾角)　(d) ④号钻孔(60°倾角)

(e) ⑤号钻孔(70°倾角)　(f) ⑥号钻孔(反向70°倾角)

图 6-27　实际钻孔布置

$$\begin{cases} x = L\sin\beta \\ y = L\cos\alpha \\ z = L\sin\alpha \end{cases} \tag{6-5}$$

式中　L——钻孔中裂隙所在位置的深度，m；

x——裂隙所在 x 坐标，m；

y——裂隙所在 y 坐标，m；

z——裂隙所在 z 坐标，m；

α——钻孔倾角，(°)；

β——钻孔转角，(°)。

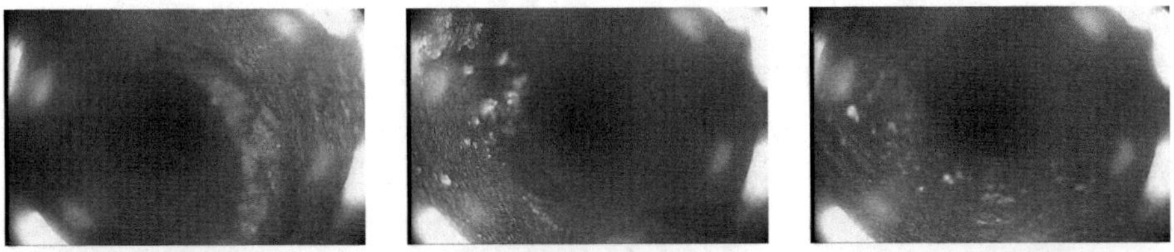

(a) 5.70 m　　(b) 6.75 m　　(c) 9.50 m

(d) 12.05 m　　(e) 18.10 m　　(f) 21.60 m

图 6-28　①号钻孔(30°倾角)孔内部分图像

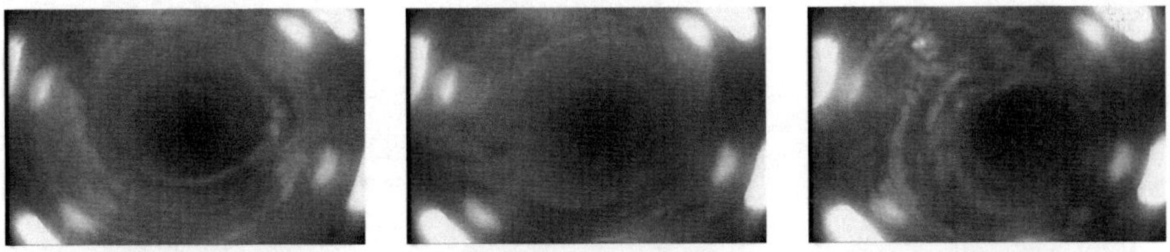

(a) 12.90 m　　(b) 17.35 m　　(c) 22.00 m

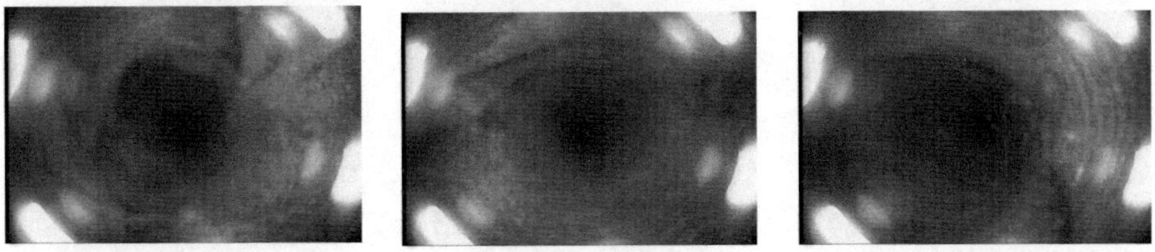

(d) 25.95 m　　(e) 27.90 m　　(f) 34.10 m

图 6-29　②号钻孔(40°倾角)孔内部分图像

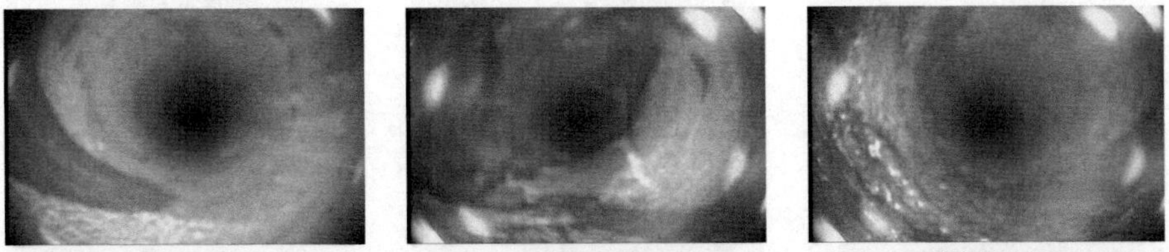

(a) 7.45 m　　(b) 15.70 m　　(c) 20.40 m

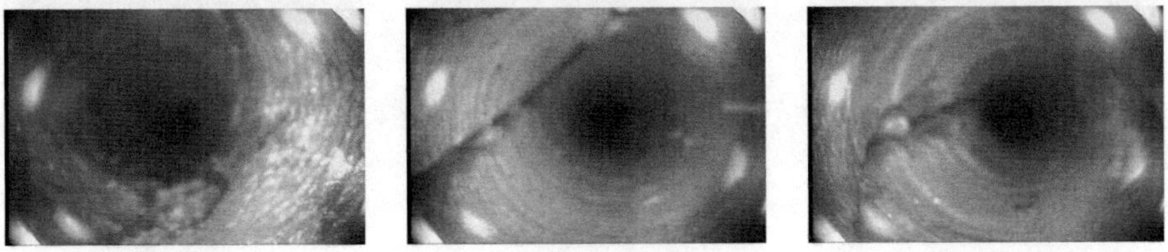

(d) 25.50 m　　(e) 27.65 m　　(f) 28.05 m

图 6-30　③号钻孔(50°倾角)孔内部分图像

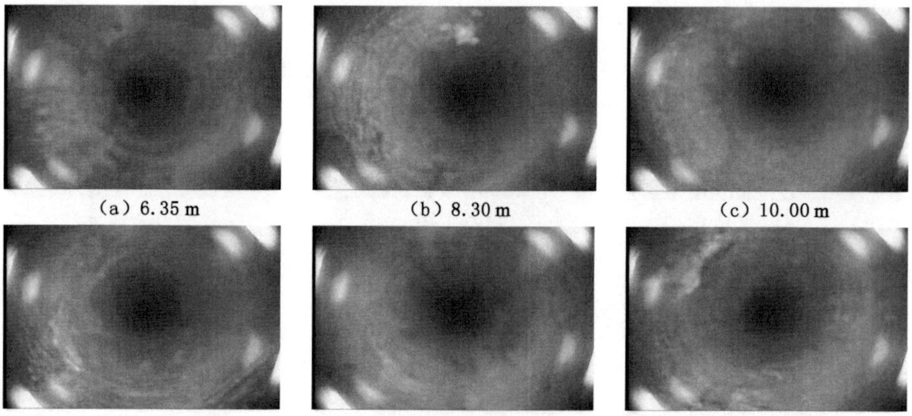

(a) 6.35 m　(b) 8.30 m　(c) 10.00 m

(d) 11.60 m　(e) 13.00 m　(f) 14.05 m

图 6-31　④号钻孔(60°倾角)孔内部分图像

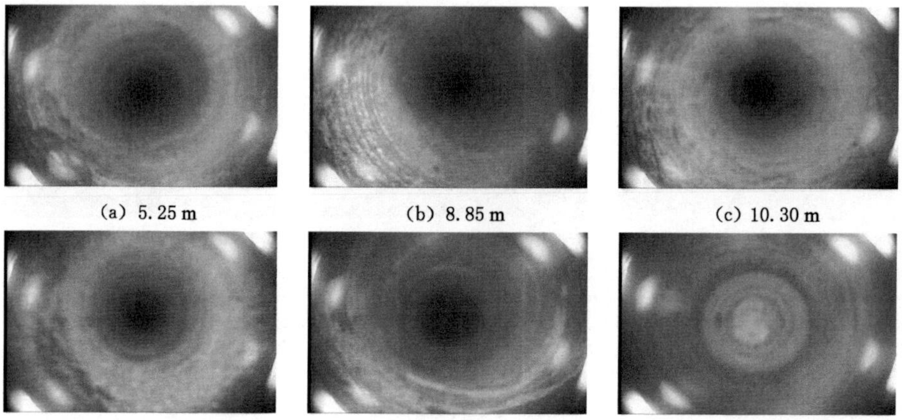

(a) 5.25 m　(b) 8.85 m　(c) 10.30 m

(d) 16.90 m　(e) 18.80 m　(f) 19.60 m

图 6-32　⑤号钻孔(70°倾角)孔内部分图像

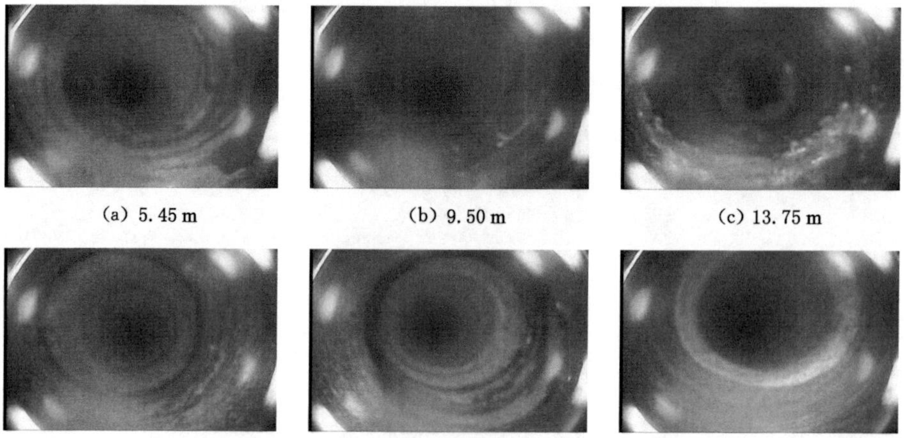

(a) 5.45 m　(b) 9.50 m　(c) 13.75 m

(d) 14.85 m　(e) 16.20 m　(f) 18.10 m

图 6-33　⑥号钻孔(反向 70°倾角)孔内部分图像

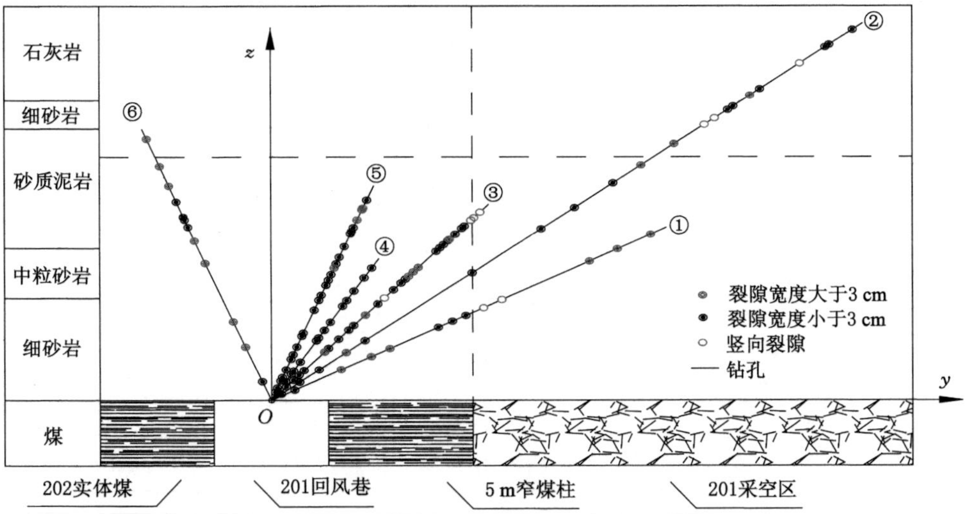

图 6-34 各钻孔裂隙在 yOz 平面内的统计图

各钻孔裂隙在 yOz 平面内的统计图如图 6-34 所示。根据现场实测结果和图 6-34 大致可以确定：y 坐标大于 7 m 的裂隙位于采空区上方，z 坐标小于 11 m 的裂隙位于裂隙带以内。上述结果直观地显示了上覆采动裂隙发育情况，并从图 6-28(d)和图 6-28(e)中发现有明显的竖向裂隙，对照图 6-27 及图 6-34 可知：$L=12.05$ m 时，$y\approx8$ m，$z\approx6$ m；$L=18.10$ m 时，$y\approx12$ m，$z\approx9$ m。这说明两者岩层的破断裂隙位于煤柱外侧的采空区垮落带上方。还从图 6-29(d)中发现有明显的竖向裂隙，对照图 6-27 及图 6-34 可知：$L=25.95$ m 时，$y\approx18$ m，$z\approx16$ m。这说明岩层的破断裂隙位于煤柱外侧的采空区上方垮落带中。因此，可以初步确定垮落带最大高度约为 16 m(测点处煤层厚度约为 3.8 m)。

6.1.6 采动覆岩垮落带高度的确定

6.1.6.1 401 工作面采空区覆岩垮落带高度的确定

通过理论分析、物理相似材料模拟、数值模拟、现场实测分析等得到的 401 工作面采空区覆岩垮落带高度如表 6-13 所列，由该表可知，401 工作面采空区覆岩垮落带高度为 13.8～22.0 m，为采高的 3.07～4.89 倍。

表 6-13 401 工作面采空区覆岩垮落带高度

序号	方法	垮落带高度/m
1	理论分析	13.8～21.5
2	物理相似材料模拟	20.0～22.0
3	数值模拟	20.0
4	现场实测分析	22.0

6.1.6.2 301 工作面采空区覆岩垮落带高度的确定

通过理论分析、物理相似材料模拟、数值模拟、现场实测分析等得到的 301 工作面采空区覆岩垮落带高度如表 6-14 所列，由该表可知，301 工作面采空区覆岩垮落带高度为 15.0～23.5 m，为采高的 3.33～5.22 倍。

表 6-14 301 工作面采空区覆岩垮落带高度

序号	方法	垮落带高度/m
1	理论分析	15.0～20.0
2	物理相似材料模拟	22.0～23.5
3	数值模拟	22.5
4	现场实测分析	16.0

6.1.7 采动裂隙动态演化过程

随着工作面的推进，具有依次向上发展分层运动的破断与离层特征的上覆岩层，会形成覆岩采动裂隙带。其中岩层层面离层裂隙和穿层破断裂隙相互贯通，在空间上产生形似椭圆抛物面的外部边界，称为外椭抛面；当工作面推进一定距离后，位于采空区中部的覆岩采动裂隙基本被压实，其边界也可用近似的椭圆抛物面来描述，称为内椭抛面。于是在整个采空区上覆岩层中，内外椭抛面之间形成了类似帽状的采动裂隙带，将其称为采动裂隙椭圆抛物带，简称采动裂隙椭抛带。

物理相似材料模拟实验表明，采动裂隙椭抛带并非是一开采就出现，而是当工作面推进到一定距离时才出现，并且随着工作面的推进是不断变化的。采动裂隙椭抛带在亚关键层破断前形成，当亚关键层破断后，采动裂隙椭抛带中部被压实，四周呈椭圆形圈分布，如此发展直至主关键层，而当主关键层破断后，采动裂隙椭抛带不复存在，但层面展布的裂隙区仍为一近似的椭圆区域。研究表明，采动裂隙椭抛带是瓦斯涌出较活跃区域，是瓦斯的运移聚集带，为合理布置卸压瓦斯抽采钻孔（或巷道）提供了科学依据。

在工程实际应用中，为了便于计算与分析，可将采动裂隙椭抛带简化为采动裂隙圆矩梯台带。煤层开采过程中，上覆岩层形成一个采动裂隙圆矩梯台带，它随工作面的推进是动态变化的，其外梯台面在工作面推进一段距离就可出现，而内梯台面则在工作面推进到一定距离后才出现，如图 6-35 所示。随着工作面的推进，在进入裂隙带中的第 1 亚关键层破断后，第 2 亚关键层下出现离层，其下形成采动裂隙圆矩梯台带①，当第 2 亚关键层破断后，采动裂隙圆矩梯台带中部被压实，四周则呈圆角矩形圈或“O”形圈分布；与此同时，第 3 亚关键层下出现离层，其下形成采动裂隙圆矩梯台带②，当第 3 亚关键层破断后，采动裂隙圆矩梯台带中部再次被压实，四周还呈圆角矩形圈或“O”形圈分布，其下形成采动裂隙圆矩梯台带③，如此发展直至主关键层；当主关键层破断后，采动裂隙圆矩梯台带不复存在，但层面展布的裂隙区仍为一近似圆角矩形圈或“O”形圈④，这是覆岩采动裂隙带的主要存在形式。

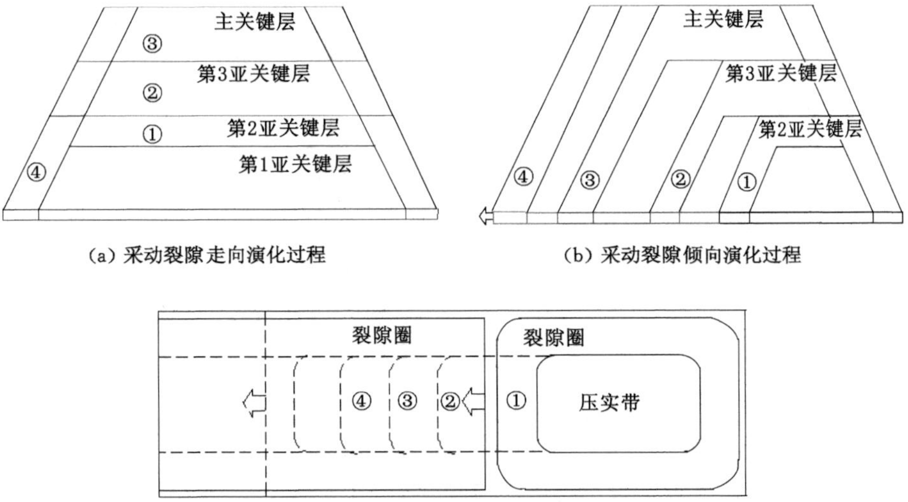

图 6-35 采动裂隙演化过程示意图

6.2 采动裂隙带空间及气体性质

6.2.1 采动裂隙带中空隙组成特征

煤层开采后，在采动裂隙带中存在大量的空隙，空隙系统是由煤岩体的层理、节理、孔隙和裂隙组成。从形成原因上可分为两种不同的空隙：一是煤岩层在原始地质作用下所形成的原始孔隙、裂隙，二是由于煤岩层受采掘活动的影响而形成的次生裂隙(采动裂隙)。因此，在采动裂隙带中将形成两种特点相差很大的空隙。

① 采动空隙特点。采动空隙的分布具有很大的随机性，一般情况下空隙较大，其与工作面的采高、垮落岩块的大小和排列状况、本层和邻近煤岩层岩性以及二次应力分布状况等因素有关，并且其空隙通道的平均尺寸和渗透性能都很大。它是采动裂隙带中瓦斯气体(或瓦斯-空气混合气体)流动的主要通道。

② 原始空隙特点。一般而言，原始空隙的分布只是与煤岩层在原始地质作用下形成时的煤岩性质、原始应力状况等因素有关，其空隙通道的平均尺寸和渗透性能相对于采动空隙的来说要小几个数量级。

6.2.2 采动裂隙带中气体的物理性质

6.2.2.1 采动裂隙带中气体的基本假设

(1) 采动裂隙带中的气体是由瓦斯、空气(由于漏风所造成)组成，气体运移为等温运移。

(2) 气体充满于整个采动裂隙带的空隙。

(3) 瓦斯与采动裂隙带中的空气混合后，不发生化学变化。

(4) 含瓦斯煤岩体中的瓦斯解吸认为是在瞬间完成的，忽略其解吸时间。

6.2.2.2 采动裂隙带中气体的基本物理性质

(1) 采动裂隙带中气体的浓度

① 瓦斯体积浓度：

$$c_g{}' = \frac{V_g}{V} \times 100\% \tag{6-6}$$

式中 $c_g{}'$——瓦斯体积浓度，%；

V_g——混合气体中瓦斯体积，m^3；

V——混合气体体积，m^3。

② 瓦斯质量浓度：

$$c_g = \frac{m_g}{m} \times 100\% \tag{6-7}$$

式中 c_g——瓦斯质量浓度，%；

m_g——混合气体中瓦斯质量，kg；

m——混合气体质量，kg。

③ 瓦斯质量浓度与体积浓度关系：

$$c_g{}' = \frac{M_a c_g}{M_g + (M_a - M_g)c_g} \tag{6-8}$$

式中 M_g——瓦斯摩尔质量，kg/mol；

M_a——空气摩尔质量，kg/mol。

（2）采动裂隙带中气体的密度

① 瓦斯密度：

$$\rho_g = \frac{m_g}{V} = \frac{pM_g}{R_0 T} \tag{6-9}$$

式中 ρ_g——瓦斯密度，kg/m^3；

p——孔隙压力，Pa；

R_0——普适气体常数，取 8.31 J/(mol·K)；

T——绝对温度，K。

② 空气密度：

$$\rho_a = \frac{m_a}{V} = \frac{pM_a}{R_0 T} \tag{6-10}$$

式中 ρ_a——空气密度，kg/m^3；

m_a——混合气体中空气质量，kg。

③ 混合气体密度：

$$\rho = \rho_a(1 - c_g{}') + \rho_g c_g{}' \tag{6-11}$$

式中 ρ——混合气体密度，kg/m^3。

将式(6-9)和式(6-10)代入式(6-11)中，可得出用体积浓度表示的混合气体密度：

$$\rho = \frac{p}{R_0 T}[M_a - (M_a - M_g)c_g{}'] \tag{6-12}$$

将式(6-8)代入(6-12)中，可得出用质量浓度表示的混合气体密度：

$$\rho = \frac{p}{R_0 T}\left[\frac{M_a M_g}{M_g + (M_a - M_g)c_g}\right] \tag{6-13}$$

6.2.2.3 采动裂隙带中气体的流态分析

气体在采动裂隙带中的流动十分复杂，可以视为在多孔介质内的渗流，气体流态可用雷

诺数 Re 判别[77]，即：

$$Re = \frac{qk}{\upsilon d_{\mathrm{m}}} \tag{6-14}$$

式中　q ——多孔介质中流体的渗流速度，m/s；

k ——渗透率，m^2；

d_{m} ——平均调和粒径，m；

υ ——运动黏度，m^2/s。

实验表明[78]：多孔介质内风流为渗流时，$Re \leqslant 0.25$ 为层流状态，$0.25 < Re \leqslant 2.5$ 为过渡流态，$Re > 2.5$ 为湍流状态。采动裂隙带中气体的渗流区包括层流区、过渡流区及湍流区，一般在靠近采煤工作面的采空区一个很小的范围内，漏风风速较大（雷诺数最大可达到 265），而其他区域则类似于小雷诺数的渗流。因此，可以认为：采动裂隙带中气体的渗流规律在孔隙压力变化的微段内可视为线性，遵从达西定律，而在整个区段上则服从非线性渗流规律，可用 Ergun 方程来表示[79]，即：

$$\frac{\partial \varphi_i}{\partial x_i} = C_1 \frac{\mu q_i}{d_{\mathrm{m}}^2} - C_2 \frac{\rho q_i^2}{d_{\mathrm{m}}} \tag{6-15}$$

式中　φ_i——采动裂隙带的气压函数，Pa；

x_i——流体流动方向上的各个位置，m；

q_i——流体在各个位置上的渗流速度，m/s；

ρ——混合气体密度，kg/m^3；

μ——动力黏度，Pa·s；

C_1, C_2——内部损失率，$C_1 = \frac{150\,(1-n)^2}{n^3}$，$C_2 = \frac{1.75(1-n)}{n^3}$；

n ——孔隙率，$n = 1 - 1/k_{\mathrm{c}}$；

k_{c}——采动裂隙带某点的碎胀系数，可由物理相似材料模拟实验确定。

6.2.3　采动裂隙带的多孔介质性质

（1）多孔介质的概念

1972 年，贝尔以表征性体积单元（简称表征单元体，REV）作为控制单元，根据质量守恒方程和动量守恒方程推导出了多孔介质中岩石渗流微分控制方程。他认为，表征单元体应当具有以下两个特征[80]：① 表征单元体相对于整个研究区域的尺寸应当非常小，否则平均的结果就不能代表在多孔介质中任一点所发生的现象；② 表征单元体和单个孔隙比较应足够大，必须包含足够数目的孔隙（空隙），这样才可按连续介质概念的要求进行有意义的统计平均。如果介质为非均匀介质时，例如介质的孔隙率在空间上变化时，表征单元体长度的上限应当是特征长度（表示孔隙率发生变化的速度），其下限与孔隙或颗粒的大小有关。

对于多孔介质，孔隙率是其骨架的基本性质，故可通过其概念定义表征单元体。设 P 是多孔介质区域内的一个数学点，并考虑一个比单个孔隙或颗粒大得多的球体体积（P 是其质心），则表征单元体孔隙率为：

$$n_i \equiv n_i(\Delta u_i) = (\Delta u_v)_i / \Delta u_i \tag{6-16}$$

式中　n_i ——表征单元体孔隙率；

Δu_i ——表征单元体空间体积，m^3；

$(\Delta u_v)_i$ ——表征单元体孔隙空间体积，m^3。

重复同样的过程，逐步缩小以 P 为质心的 Δu_i 尺寸，当 $\Delta u_1 > \Delta u_2 > \Delta u_3 > \cdots$，便得到一系列的 $n_i(\Delta u_i)$ 值，对于那些大的 Δu_i 值来说，当 Δu_i 减小时，比值 n_i 可以逐渐变化，特别是当所研究的区域为非均质介质时更是如此。图 6-36 表示表征单元体孔隙率与空间体积的关系。

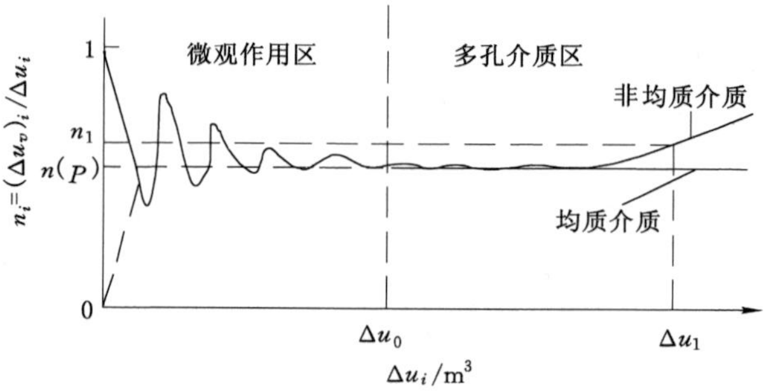

图 6-36　表征单元体孔隙率与空间体积的关系

介质在 P 点的孔隙率 $n(P)$ 的定义是，当 $\Delta u_i \to \Delta u_0$ 时，比值 n_i 的极限，即：

$$n(P) = \lim_{\Delta u_i \to \Delta u_0} n_i[\Delta u_i(P)] = \lim_{\Delta u_i \to \Delta u_0} \frac{(\Delta u_v)_i(P)}{\Delta u_i} \tag{6-17}$$

由上式可知，体积 Δu_0 就是多孔介质在数学点 P 处的表征单元体的体积，并且当 Δu_i 增减一个或几个孔隙时，对 $n(P)$ 值不会有明显的影响。

力学表征单元体中具有同一相态力学响应特征的部分称为一种"相组分"。煤岩体表面吸附的气体分子不能自由移动，已具有固体的性质，即可成为固相组分的组成成分，多相流中的固体颗粒已具有流体性质，故为流相组分的组成成分。表征单元体中最多有三种类型的相组分，即固相组分、液相组分和气相组分，而液相组分和气相组分又可统称为流相组分。表征单元体由两种或两种以上相组分组成的介质，称为多相介质。

根据上述内容，关于多孔介质的定义，渗流力学认为[80]：① 多相介质占据一部分空间，即在多相介质中至少有一相不是固体；② 多孔介质所占据的范围内，固体相应遍及整个多孔介质，即在每一个表征单元体内必须存在固体颗粒；③ 至少构成空隙空间的某些孔洞应当互相连通，即从介质的一侧到另一侧至少有若干连续的通道。

(2) 多孔介质的性质

对于煤矿井下综放采场上覆岩层所形成的采动裂隙带，从以上采动裂隙带中煤岩体破坏特征以及其内的气体特点来看，对应于上述多孔介质定义，认为：

① 如将采动裂隙带视为一个研究整体，它是由气体（瓦斯或瓦斯、空气混合气体）、煤岩固体岩块以及裂隙组成；

② 裂隙带中破坏的煤岩块之间的裂隙相对于整个裂隙带范围是比较狭窄的；

③ 裂隙带各岩层或岩块之间的空隙显然也是连通的。

因此，可认为综放采场上覆岩层所形成的采动裂隙带具有渗流力学中所描述的多孔介质的性质，为在其中进行瓦斯运移规律的研究提供了理论基础。

6.3 采动卸压瓦斯运移储集规律

6.3.1 采动卸压瓦斯升浮扩散过程

煤层采动后，由于采空区上覆岩层中采动裂隙的存在，为采空区瓦斯储集提供了空间。流向采动裂隙带的瓦斯，根据其来源不同，流动过程也有所不同的。由于空气中存在局部的瓦斯或高浓度瓦斯的不均衡聚集，使其与周围环境气体存在密度差而升浮，同时混入空气中的瓦斯分子在其本身浓度（或密度）梯度作用下产生扩散。

① 卸压瓦斯的升浮过程。根据环境流体力学理论，气体升浮的条件为：一是气体因受热体积膨胀，密度减小，从而产生密度差；二是气体对象中的含有物浓度相对周围气体中含有物浓度存有差异。瓦斯密度是空气密度的 55.4%，在矿内空气中若有瓦斯聚集存在，则会因其本身与周围气体的密度差而会上升并漂浮。瓦斯在上浮过程中，会与周围气体间伴随物质传递，当其与周围气体间传递平衡，瓦斯升浮随即消失。

对于浮力作用下的卸压瓦斯运移，因产生浮力源不同而有差异，通常情况下可采用定常浮力作用下的一般流体运动（即浮伞流）来进行分析瓦斯的升浮过程，静止环境中源点的浮伞流具有轴对称性，可采用如图 6-37 所示的柱坐标系，轴向坐标为 z，径向坐标为 r，极角坐标为 θ。

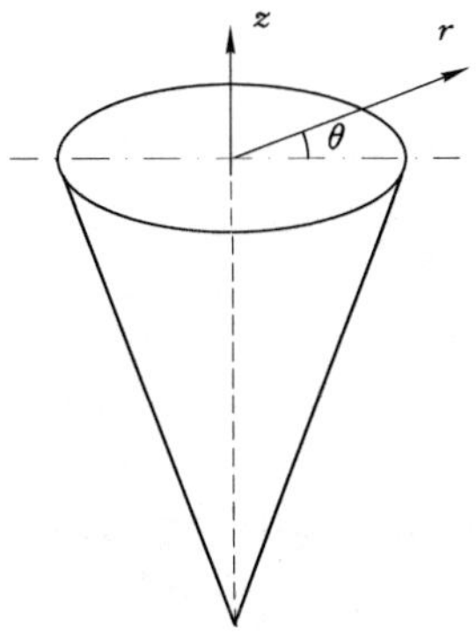

图 6-37 源点浮伞流柱坐标系

根据瓦斯在采动裂隙带中升浮的控制微分方程组（包括连续方程、动量方程、含有物守恒方程和状态方程，并服从相似假定和卷吸假定），可得到浮伞流各参数沿流程上升时与源点距离 z 有下列比例关系[76,81-82]：

$$Q \propto z^{\frac{5}{3}}, m \propto z^{\frac{4}{3}}, W_{m} \propto z^{-\frac{1}{3}}, r \propto z, \Delta\rho \propto z^{\frac{5}{3}} \tag{6-18}$$

式中 Q——单位质量流体的比质量通量，kg/(m² · s)；

z——源点距离，m；

m——比动量通量，[kg · (m/s)]/(m² · s)；

W_{m}——浮伞流断面中心的最大流速，m/min；

r——浮伞流断面的半厚度，m；

$\Delta\rho$——浮伞流密度差，kg/m³。

由式(6-18)可知，煤层综放开采后存在许多瓦斯涌出源，将引起瓦斯涌出的不均衡和局部高浓度聚集，而瓦斯与周围气体存在密度差，在浮力作用下就会在破断裂隙发育区上升。由于周围环境气体（漏风及邻近层或围岩中的涌出瓦斯）在此过程中不断渗混，涌出源瓦斯与周围环境气体不再存在密度差，这时瓦斯停止上升，而漂浮（聚集）在裂隙带破断裂隙发育区上部，其升浮高度与瓦斯和周围气体密度差、涌出源瓦斯涌出强度、瓦斯起始浓度成正比。

② 卸压瓦斯的扩散过程。扩散是指瓦斯分子在其本身浓度（或密度）梯度的作用下，由高浓度向低浓度方向运移的过程。显然，采动裂隙带中的瓦斯由于其分子本身存在浓度（或密度）梯度，再者，瓦斯分子量与井下空气平均分子量存在较大的差异，存在瓦斯压强扩散的产生条件。由玻尔兹曼所建立的非平衡气体分子速度分布函数可以得出，必将导致瓦斯由高浓度（或密度）向低浓度（或密度）方向运移，此时即发生纯扩散（服从菲克定律）和压强扩散，二者总体通量的梯度表达式为[76,83]：

$$\boldsymbol{J}_D = -D\left[\rho \mathrm{grad}\left(\frac{\rho_g}{\rho}\right) + \frac{\rho_g \rho_a (m_a{}' - m_g{}')}{\rho^2 RT}\right]\mathrm{grad}\ p \tag{6-19}$$

式中 $\boldsymbol{J}_D$——混合气体的向量梯度，m^2/s^2；

$m_g{}'$，$m_a{}'$——瓦斯和空气的分子量，kg/mol；

D——扩散系数，m^2/s；

T——绝对温度，K；

R——混合气体常数，$R=287.14\times10^6$ J/(mol·K)；

ρ，ρ_g，ρ_a——混合气体、瓦斯和空气密度，kg/m^3；

grad p——瓦斯压力梯度，Pa/m。

由式(6-19)可知，对于含有瓦斯的静止空气中稳恒状态，就是纯扩散和压强扩散之间达到了平衡，因空气的重力产生方向向下的压强梯度，则由其产生的扩散流方向与压强梯度反向，瓦斯气体具有向上扩散的趋势，即随着高度的增加瓦斯浓度也随之增大。对于包含一定浓度瓦斯的空气，采用布辛涅斯克近似后可得到，空气中瓦斯的压强扩散作用项并不是一个大的数量级。特别是在有风流紊流的情况下，紊动扩散是分子扩散的 $10^5 \sim 10^6$ 倍的数量级，压强扩散是可以忽略的。因此，在采场及周围瓦斯气体分子的扩散用纯扩散表述，在工程上可满足精度要求。

6.3.2 采动卸压瓦斯运移储集过程

在升浮扩散和渗流动力作用下，来自本煤层及邻近煤岩层的卸压瓦斯沿着采动裂隙带的裂隙网络运移到裂隙充分发育区。在工作面回采过程中，顶板覆岩裂隙区经过卸压、变形、失稳、裂隙增大、裂隙变小、封闭的动态演化过程，瓦斯储集也经过了通过裂隙流动网络进入裂隙区、聚集、饱和、溢出等运移过程。因此，随着采动裂隙圆矩梯台带的动态演化，瓦斯运移也随之变化[84-85]。

① 来自本煤层或邻近层的瓦斯，其涌出的不均衡性和支架上方煤岩体的局部聚集，会在浮力作用下沿采动裂隙带裂隙通道上升，上升中不断掺入周围气体（包括漏风及少量围岩涌出瓦斯），使混合气体与环境气体的密度差逐渐减小，直到密度差为零，混合气体便会聚集在采动裂隙带上部的离层裂隙内。由于气体密度在垂直方向的不均匀性及瓦斯密度较空气密度低，采动裂隙带瓦斯由低密度区上浮到高密度区，从而使其上部瓦斯浓度（或密度）高于下部瓦斯浓度（或密度）。

② 工作面到 1 倍周期来压范围内，煤岩体碎胀系数大（孔隙率大），尽管瓦斯解吸能力

大大增强，但由于漏风量较大，风流对瓦斯的稀释、运移作用程度很大，瓦斯浓度相对较低；对应于1倍周期来压与压实区边界处，煤岩体碎胀系数变小，漏风量减小，而此范围内的瓦斯解吸量仍然很大，因此其中瓦斯浓度较高；距工作面稍远处（位于压实区），煤岩体碎胀系数变小，漏风量逐渐减小至消失，因其位于压实区，瓦斯解吸能力下降，并在分子扩散作用下趋于均匀；在开切眼附近，煤岩体的碎胀系数仍较大，但由于远离工作面，漏风量小，对瓦斯的扩散运移作用减弱，形成瓦斯积聚的条件，瓦斯浓度有上升趋势。

③ 由于近工作面处漏风量较大，采空区瓦斯在漏风作用下（进、回风侧压差的驱动）向回风侧运移，从而使工作面附近瓦斯浓度由进风侧起逐渐增加；远离工作面，漏风量大大减小，但由于进、回风侧较压实区煤岩体碎胀系数大，使进、回风侧瓦斯浓度大于压实区瓦斯浓度，形成形状如马鞍状（两端高凸、中间低凹）的分布曲线。

④ 每当顶板周期来压或某种其他原因使采空区空间体积突然缩小时，由于碎胀系数的减小，大量瓦斯便会从采动裂隙带急剧涌出，表现为采场瓦斯的大量涌出，此时是采场瓦斯管理的重要时期。

综上分析可知，卸压瓦斯的运移及储集区在采动裂隙带发育第一阶段主要为顶部裂隙区及四周裂隙发育圈，在第二阶段由于采空区中部煤岩体碎胀系数较小，瓦斯运移困难，卸压瓦斯运移及储集区主要集中在四周裂隙发育圈。这样，从理论上解释了采动裂隙带是瓦斯涌出较活跃区域，是瓦斯的运移聚集带，为在其内布置巷道、钻孔抽采瓦斯等治理瓦斯技术提供了一定依据。

6.3.3 U形通风下瓦斯运移规律数值模拟

(1) 瓦斯浓度分布规律

由采场瓦斯浓度三维空间分布图（图6-38）可知，采场内进风侧瓦斯浓度较低，在采场另一侧的采空区深部瓦斯浓度最高（达85.9%）。

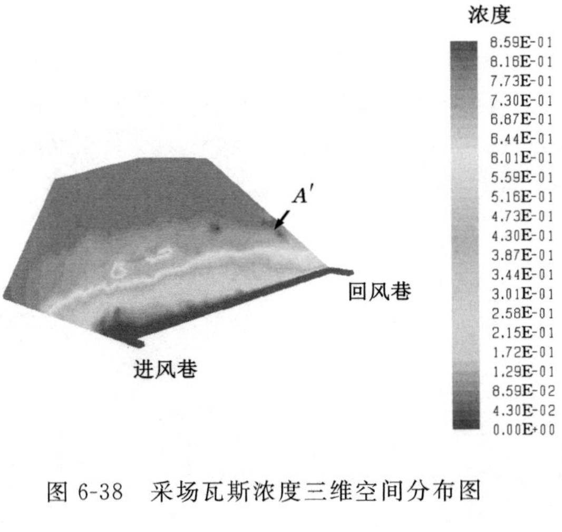

图6-38 采场瓦斯浓度三维空间分布图

在水平方向上（图6-39），沿工作面走向，瓦斯浓度从上隅角往采空区深部逐渐升高，离工作面越远浓度越高。但是由于受到矿压的作用程度不同，内梯台带中的垮落岩体被逐渐压实，其受漏风的影响也减小，瓦斯浓度升高的趋势比进、回风侧的缓慢，瓦斯浓度也较低于裂隙圈，如与开切眼距离90 m处（图6-39中虚线C—C位置），内梯台带中瓦斯浓度为

68.7%，而裂隙圈瓦斯浓度最高则达81.6%，形成一个高浓度瓦斯区域，成为实际工作中瓦斯抽采的理想地点。沿工作面倾向，在工作面附近，由于漏风量较大，瓦斯在漏风作用下向回风侧运移，使瓦斯浓度由进风侧起逐渐升高；在采空区中部，由于进、回风侧较压实区孔隙率大，瓦斯浓度形成进、回风侧高凸与中间低凹的马鞍状分布曲线；在开切眼附近，由于远离工作面，漏风影响不大，瓦斯浓度趋于一致。

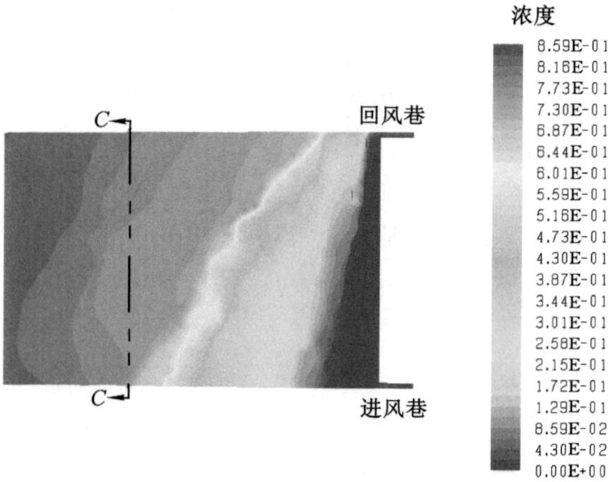

图6-39　采空区瓦斯浓度分布图

在纵向上，瓦斯浓度由下到上逐渐升高，瓦斯浓度具有明显的分层特性，尤其是垮落带和裂隙带的接合面附近，瓦斯浓度有较大的梯度变化，由于在靠近工作面的采动覆岩上部渗流速度很小，所以在采动裂隙带内存在高浓度瓦斯区域，即图6-38中A'所示位置附近，这是高位水平抽采瓦斯针对的高浓度区。

另外，由工作面瓦斯浓度分布图(图6-40)可知：在工作面进风侧瓦斯浓度很低，且升高梯度较小；在工作面的回风侧瓦斯浓度较高，且升高梯度较大。这主要是因为在U形通风情况下，采空区瓦斯对于工作面瓦斯浓度从进风巷到回风巷所起的作用逐渐增加。

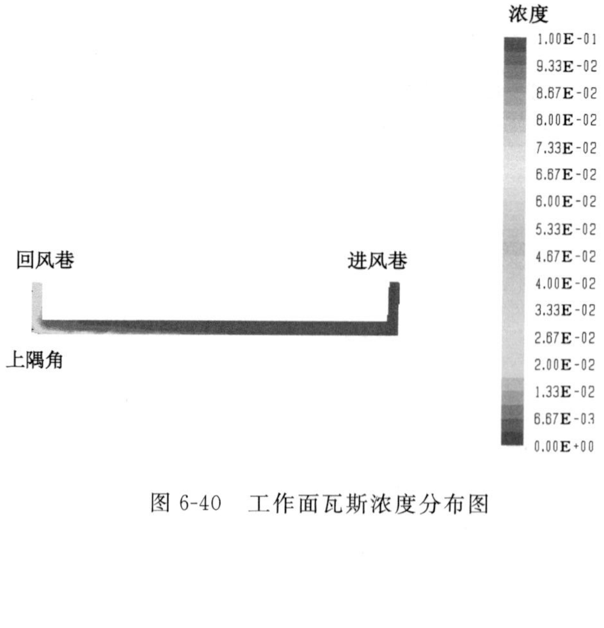

图6-40　工作面瓦斯浓度分布图

（2）U形通风下上隅角瓦斯积聚原因分析

由图6-40可知，工作面可能发生瓦斯积聚的区域主要在上隅角附近（瓦斯浓度高达10%），这个区域一直都是煤矿安全工作者关注的焦点，其瓦斯集聚的原因主要是：

① 在U形通风下，采空区瓦斯运移及浓度呈现较为规律的分布，回风巷与工作面交界附近为气体主要流出点，从而使上隅角局部瓦斯积聚。

② 采空区靠近上隅角处有一个低压区，该区气流速度较慢，有些地方可能处于涡流状态，导致高浓度瓦斯较难进入回风流，从而导致上隅角瓦斯浓度在工作面附近最高。

（3）U形通风下工作面瓦斯治理情况

按照《煤矿安全规程》要求，工作面回风巷瓦斯浓度应小于1%，保持进风量为2 200 m^3/min时，在U形通风下的工作面允许安全生产的最大瓦斯涌出量为：$2\ 200\times1\%/(1-1\%)\approx22\ m^3/min$。同时，由图6-40可知，工作面回风巷瓦斯浓度为2.1%～2.3%，且上隅角瓦斯浓度高达10%，需要采取其他瓦斯治理措施。

7 采动卸压瓦斯抽采技术

7.1 采动卸压瓦斯抽采系统布置区域分析

根据物理相似材料模拟实验分析结果，建立如图 7-1 所示的直角坐标系，即工作面推进距离与宽度二分之一的交点设为坐标系原点 O，沿走向设为 x 轴正向，倾向设为 y 轴，垂直于工作面指向地面设为 z 轴正向。图 7-1 中 A_1、A_2 为开切眼、工作面上方采动裂隙椭抛带带宽，其带宽不是恒定的，在开切眼处相当于初次来压步距，而在工作面上方则在 1 倍周期来压步距和 2 倍周期来压步距之间变化，$A_1 = 32.6$ m，$A_2 = 11.8 \sim 23.4$ m；B_1、B_2 为采动裂隙椭抛带在进、回风巷处的带宽，$B_1 = 21.3$ m，$B_2 = 23.7$ m；a、b 为工作面推进距离、宽度；h_1、h_2 为裂隙带、压实带最大高度，与关键层层位、所控制覆岩厚度及其下破碎岩体的碎胀系数有关；h_3 为垮落带高度。

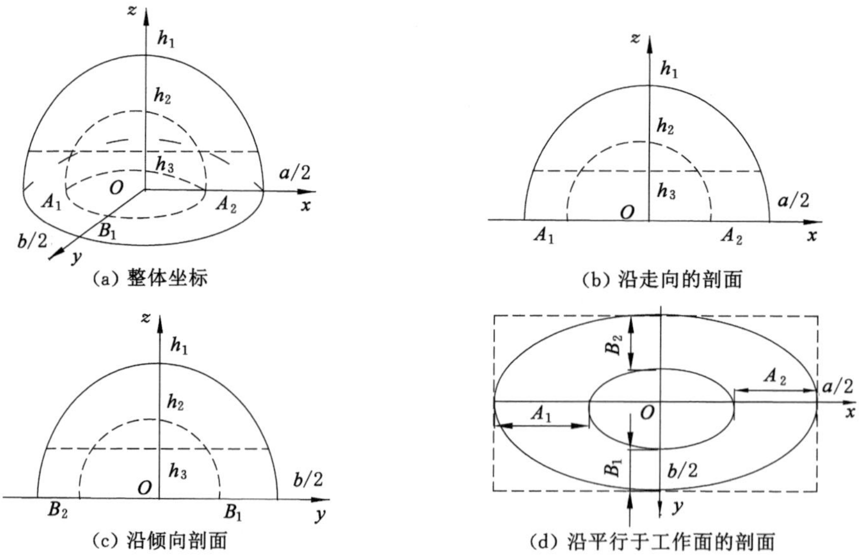

图 7-1 采动裂隙椭抛带数学模型图

在图 7-1 所建立的直角坐标系中，可得到采动裂隙椭抛带的数学方程：

$$\begin{cases} \dfrac{4x^2}{a^2}+\dfrac{4y^2}{b^2}=-\dfrac{z-h_1}{h_1} \\ \dfrac{(2x-32.6+A_2)^2}{(a-32.6-A_2)^2}+\dfrac{(2y-2)^2}{(b-45)^2}=-\dfrac{z-h_2}{h_2} \end{cases} \tag{7-1}$$

当采动裂隙椭抛带形成后，如果已知上覆岩层任一点的空间坐标(x,y,z)，根据式(7-1)可判断该点是否在采动裂隙椭抛带中，从而确定卸压瓦斯抽采钻孔或巷道的合理终孔（终端）位置。

综放工作面采动覆岩卸压瓦斯抽采主要是为了解决上隅角瓦斯超限，其主要应处理的瓦斯是工作面上部向采空区延伸23.4 m区域处积聚的瓦斯，因此卸压瓦斯抽采钻孔或巷道在层位上应布置在该区域覆岩的裂隙区下部及垮落带上部。

7.2　上隅角瓦斯抽采技术

7.2.1　上隅角瓦斯抽采技术原理

目前我国绝大部分煤矿采用U形通风方式，在U形通风方式下的采空区的风流从工作面进风巷向工作面开切眼方向流动，其中少部分风流由于“漏风”现象经下隅角或支架间隙进入采空区，而绝大部分风流进入工作面开切眼，最终由工作面回风巷流出。

从工作面风流的流经轨迹可以得出，工作面上隅角的瓦斯主要由两部分组成：一是工作面生产过程中，不断从采煤工作面新鲜暴露煤壁中涌出的瓦斯；二是工作面漏风风流从采空区深部带出的瓦斯。

从工作面上隅角的风流状态来看，采煤工作面上隅角靠近煤壁和采空区，风流经过工作面上端头时，巷道突然垂直转弯，使得上隅角靠近煤壁侧的风速降低，与外侧较高的风速形成速度差，从而造成工作面上隅角局部地区出现涡流现象，导致采空区和工作面的瓦斯在此处不容易被风流带走，最终使得上隅角瓦斯容易发生积聚。此外，从垂直方向来看，由于瓦斯的密度比空气的小，在工作面上隅角的断面上可以看到，从顶板到底板瓦斯浓度呈现递降现象，顶板处瓦斯浓度较高。

因此，矿井工作面上隅角非常容易形成瓦斯积聚，需要加强上隅角瓦斯管理，实施瓦斯抽采措施。上隅角瓦斯抽采的技术原理是利用抽采管路负压改变上隅角附近瓦斯流场，在采煤工作面上隅角处形成一个负压区，使采煤工作面上隅角处瓦斯向抽采管路方向运移，最终进入矿井低负压瓦斯抽采系统，从而改变上隅角风流流场，避免瓦斯在上隅角因涡流而积聚。

7.2.2　上隅角瓦斯抽采系统布置

（1）上隅角埋管

利用高位钻孔抽采瓦斯原理，在工作面回风巷打立孔，安设抽采立管，加大立管的高度（站管高度为15～20 m），让其处于顶板离层区、垮落带上部的裂隙带内，抽采上隅角高浓度瓦斯，如图7-2所示。

抽采管每隔20 m设置一个三通接口，平时封闭此接口。在埋进管路时，将三通接上瓦斯抽采器，埋入采空区。抽采器直径200 mm，顶端焊接封闭加保护盖，管壁上部均匀切割15个直径为5 mm的圈孔作为瓦斯入口且用纱网包裹。立管随工作面推进每20 m布置一

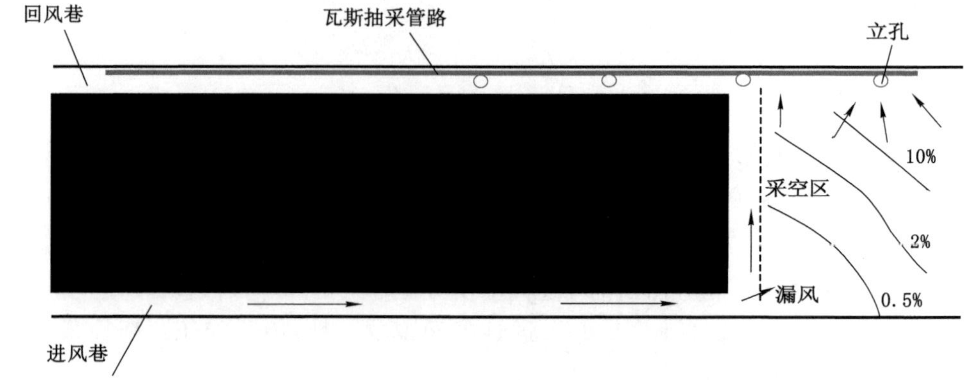

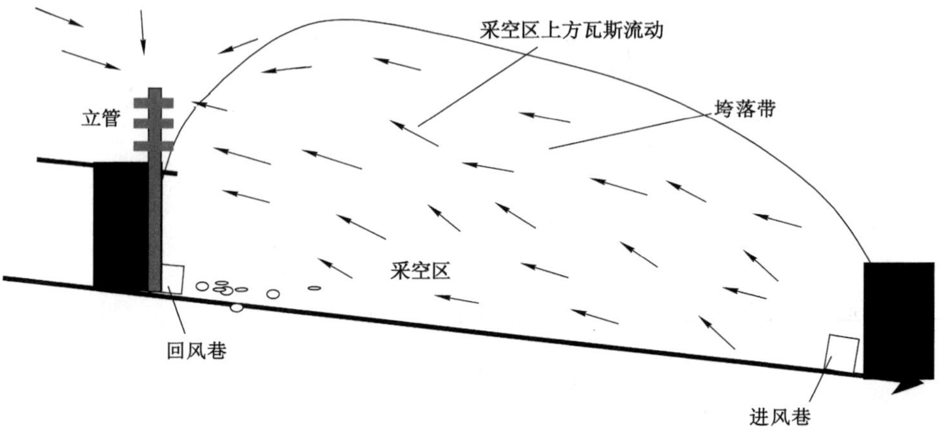

图 7-2　上隅角埋管抽采瓦斯示意图

个，当工作面开采且抽采器滞后 20 m 时，关闭采空区内的抽采器连入新的抽采器，依次不断向前延接。

(2) 上隅角插管

在靠近上隅角段管路可采用 6 m 长的铠装软管与主抽采管路连接，将铠装软管插入上隅角，吊挂在顶板上。吸气口(与切顶线相距 2～5 m 左右)用过滤网包住，防止吸入管道内煤渣，吸入口尽可能贴近上隅角尚未垮落空间的顶部及上帮煤壁。为保证风筒吸入口处于上隅角的上部(上部瓦斯浓度较高)，铠装软管可与木棒绑在一起，用铁丝吊挂在支架上，随着工作面的推进，移动铠装软管，拆下前端一段主管路，如此反复(图 7-3)。

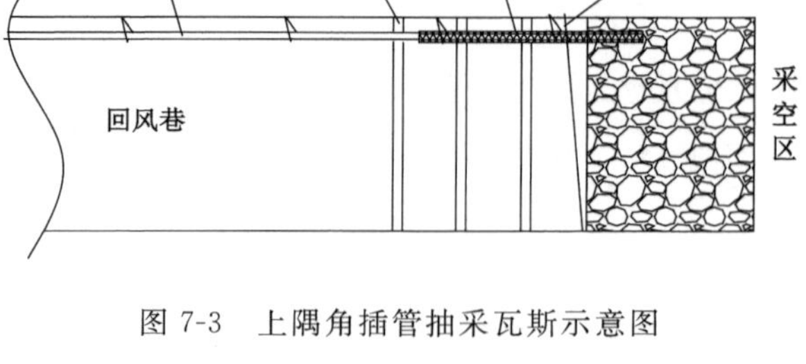

图 7-3　上隅角插管抽采瓦斯示意图

为提高瓦斯抽采浓度，在上隅角切顶线处应采用挡风帘或挡风墙，挡风帘或挡风墙与巷道夹角 60°。挡风墙采用内装碎煤的鱼鳞编织袋垒砌，并与巷道顶、帮接实，其缝隙用煤粉填实，以提高瓦斯抽采浓度及减少上隅角瓦斯积聚。现场实际施工作业过程中，采煤队每天根据工作面推进速度及时移设挡风帘或挡风墙，确保抽采正常，工作面每推进 6 m 拆除一根抽采管，确保上隅角瓦斯抽采管路正常工作。

7.2.3　上隅角瓦斯抽采布置参数模拟验证

7.2.3.1　模型的建立

（1）模拟方案

主要模拟计算采空区瓦斯浓度分布，为工作面瓦斯抽采治理提供科学依据，模拟参数为：U 形通风，瓦斯涌出量为 12～16 m^3/min，风量为 1 500 m^3/min，抽采口与工作面间距分别为 5 m、15 m、25 m。

（2）基本假设

工作面有采煤机、支架等各种设备，根据现场实际情况和模拟实验，对工作面、采空区进行以下简化：

① 在数值模拟中忽略矿井周期来压等特殊情况，只考虑采空区漏风、回风巷等对采空区瓦斯分布的影响。

② 将进风巷、回风巷和工作面空间视为长方体，其中设备不予考虑，进风巷、回风巷尺寸为长 10 m、宽 4 m，工作面尺寸为长 156 m、宽 6 m，抽采管直径为 0.2 m。

③ 将采空区及上覆岩层根据碎胀系数的不同划分为 5 个部分，如图 7-4 所示。

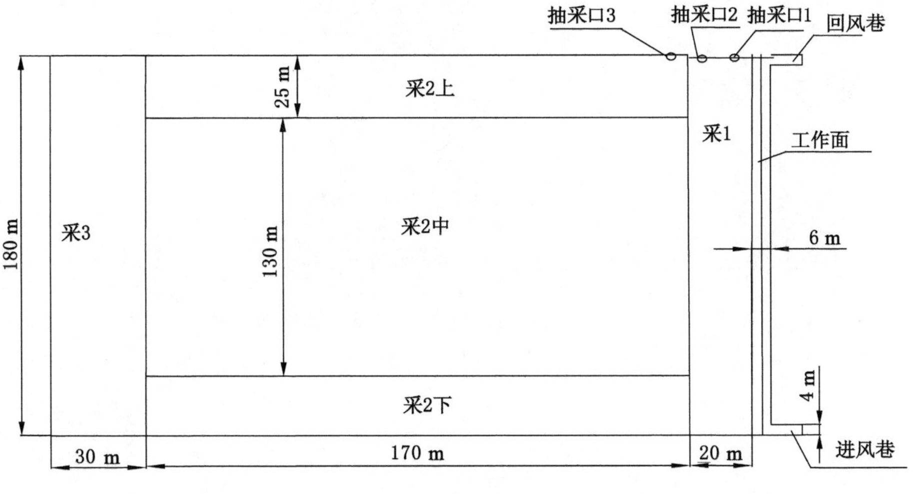

图 7-4　模型划分及几何尺寸

（3）模型网格划分

用 Gambit 软件生成基本模型，并采用 TGrid 软件进行网格划分，共划分单元 22 880 个，节点 23 222 个，如图 7-5 所示。

7.2.3.2　模拟结果分析

判定合理的漏风位置时，主要参照在配风量相同情况下上隅角的瓦斯浓度值。经过模拟计算，得出抽采口与工作面间距为 5 m、15 m、25 m 时采空区及工作面瓦斯浓度分布图

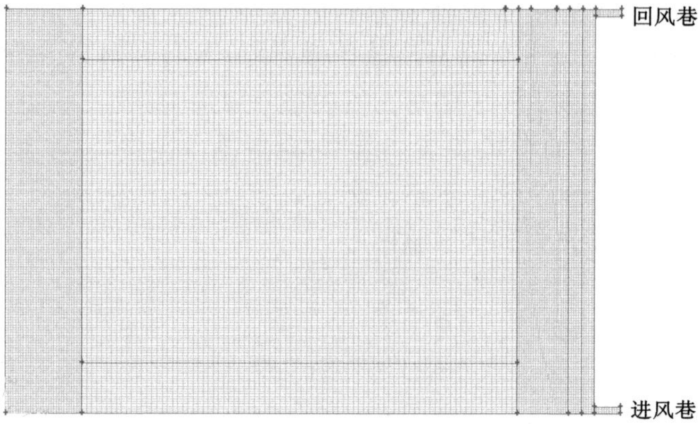

图 7-5　模型网格划分

(图 7-6～图 7-11),可以看出埋管抽采瓦斯的作用非常明显,并从水平方向看,埋管在抽采瓦斯的同时,其对气流的导向作用使得回风侧瓦斯浓度有很大降低,埋管上隅角瓦斯浓度明显低于 U 形通风下上隅角瓦斯浓度。三种抽采口与工作面间距下瓦斯抽采效果对比如表 7-1 所列。

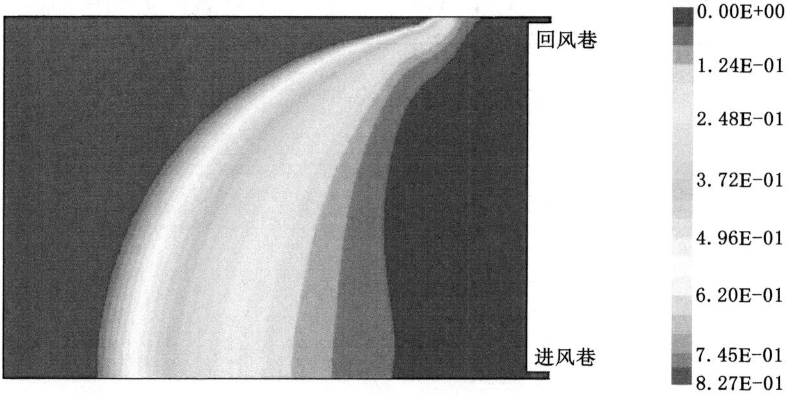

图 7-6　抽采口与工作面间距为 5 m 时采空区瓦斯浓度分布图

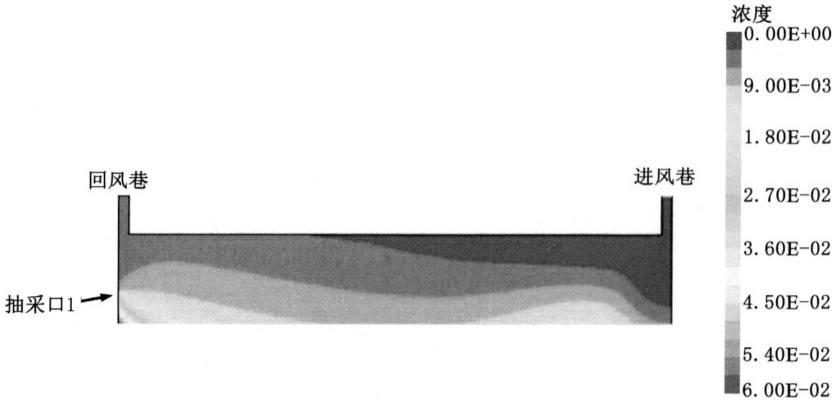

图 7-7　抽采口与工作面间距为 5 m 时工作面瓦斯浓度分布图

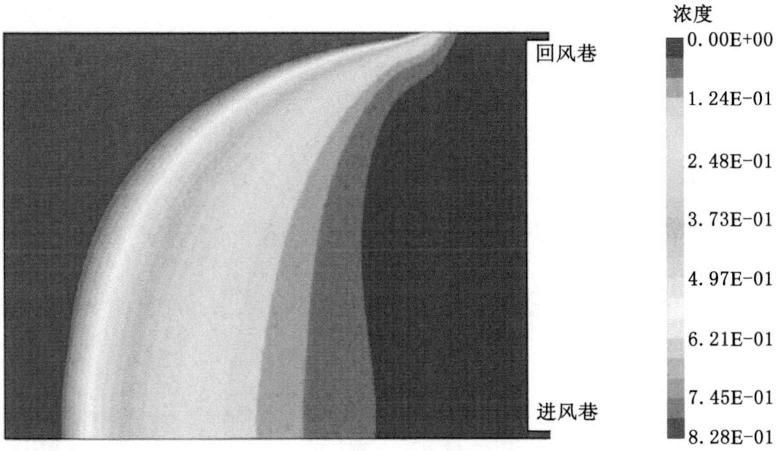

图 7-8　抽采口与工作面间距为 15 m 时采空区瓦斯浓度分布图

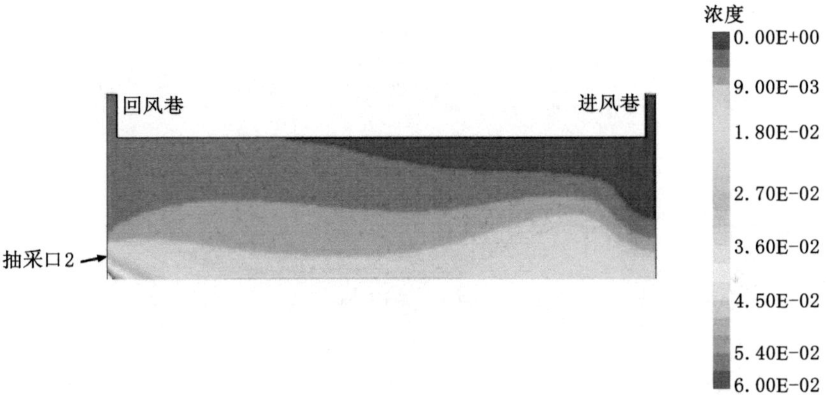

图 7-9　抽采口与工作面间距为 15 m 时工作面瓦斯浓度分布图

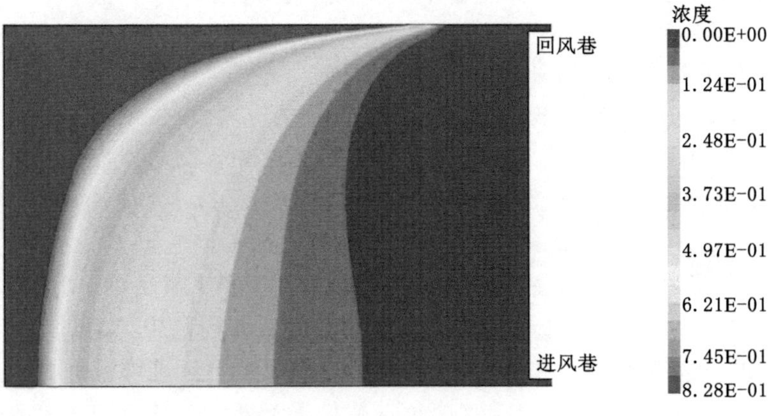

图 7-10　抽采口与工作面间距为 25 m 时采空区瓦斯浓度分布图

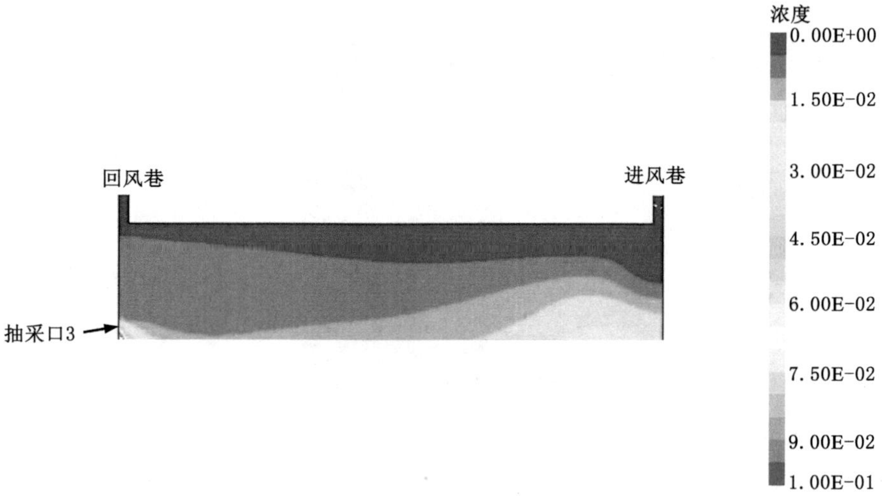

图 7-11　抽采口与工作面间距为 25 m 时工作面瓦斯浓度分布图

表 7-1　三种抽采口与工作面间距下瓦斯抽采效果对比

抽采口与工作面间距/m	上隅角浓度/%	回风巷浓度/%	抽采管流量/(m^3/s)	抽采管浓度/%
5	0.4～0.6	0.3～0.5	65	3.2～3.7
15	0.5～0.7	0.4～0.6	60	4.6～5.5
25	0.7～0.8	0.5～0.7	45	6.1～9.4

由图 7-6～图 7-11 及表 7-1 可知，三种抽采口与工作面间距下，5 m 时的瓦斯抽采效果最好(如抽采口与工作面间距太远时，回采过程中，采空区的瓦斯将向工作面附近涌出)。因此，将抽采口与工作面间距保持为 5 m 左右(即横贯间距 5 m)时，对降低工作面上隅角瓦斯浓度有较大帮助。

7.3　顶板走向定向长钻孔抽采瓦斯技术

7.3.1　顶板走向定向长钻孔抽采瓦斯技术原理

近年来，随着定向钻进成套装备和施工技术的日益成熟，顶板走向定向长钻孔代替常规高位钻孔进行采空区卸压瓦斯抽采在多数矿井逐渐推广和普及。顶板走向定向长钻孔的布置方式主要遵循三点原则：① 要保证足够高的瓦斯抽采浓度与纯量；② 要着重解决上隅角瓦斯积聚问题；③ 尽可能保证钻孔的稳定性，提高有效抽采长度。

结合千米钻机的特点优势，在工作面回风巷侧布置千米钻机钻场，采用定向钻进技术在煤层顶板岩层内向工作面后方打走向长钻孔至采空区上部裂隙带，实施长壁工作面的采空区卸压瓦斯抽采，在保证良好的卸压瓦斯抽采效果的前提下，还能够大大加快施工进度和缓解矿井生产接续紧张问题。顶板走向定向长钻孔抽采瓦斯示意图如图 7-12 所示。

7.3.2　顶板走向定向长钻孔布置参数确定

采用二维物理相似材料模拟实验研究工作面采动覆岩裂隙演化规律，得到 302 工作面

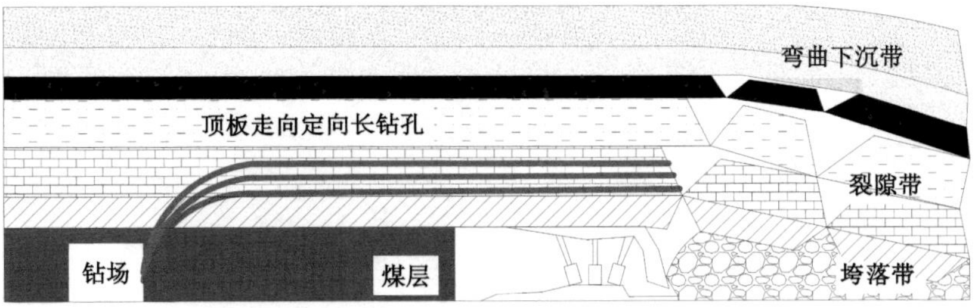

图 7-12 顶板走向定向长钻孔抽采瓦斯示意图

采动覆岩“三带”分布特征，其中垮落带划分为不规则垮落带、规则垮落带，如图 7-13 所示。

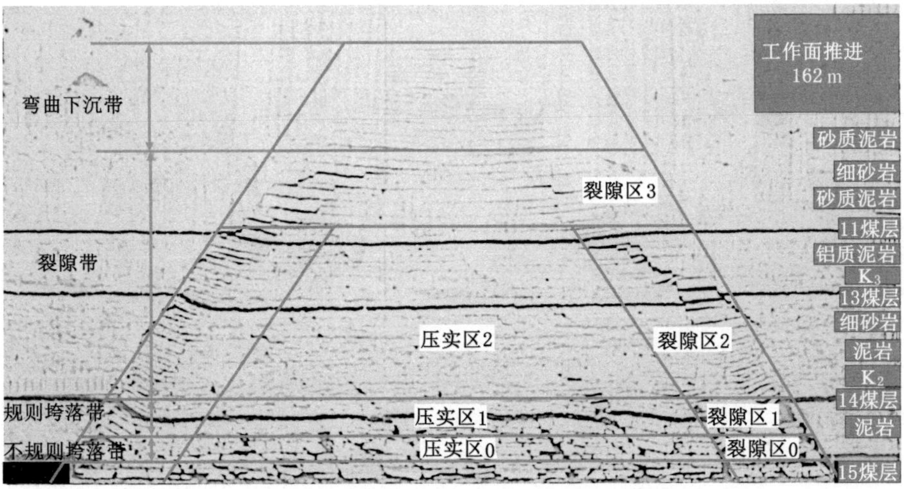

图 7-13 302 工作面采动覆岩“三带”分布特征

由图 7-13 可知，工作面回采过程中，采空区覆岩由弹性阶段向塑性阶段发展，逐渐发生下沉和垮落，最终形成覆岩不规则垮落带、规则垮落带、裂隙带、弯曲下沉带，当推进 162 m 时，不规则垮落带高度为 6.6 m，规则垮落带高度为 15.8 m，裂隙带高度为 61.9 m，弯曲下沉带高度为 82.1 m。

302 工作面倾向物理相似材料模拟实验结果与走向覆岩裂隙分布规律大致相同，采场裂隙发育符合圆矩梯台带工程简化模型，提取工作面回风巷附近裂隙关键参数(图 7-14)，可得到规则垮落带与裂隙带一定高度下破断裂隙水平方向分布范围：

$$\begin{cases} D_1 = L_c \cot \beta \\ D_2 = W_f + D_1 \end{cases} \tag{7-2}$$

式中 L_c——破断裂隙距煤层底板高度，m；

D_1，D_2——破断裂隙分布范围的下限、上限，m；

W_f——破断裂隙宽度，m；

β——岩层垮落角，(°)。

此处 W_f 与 β 可以根据物理相似材料模拟实验结果取为定值，从而计算得出规则垮落带

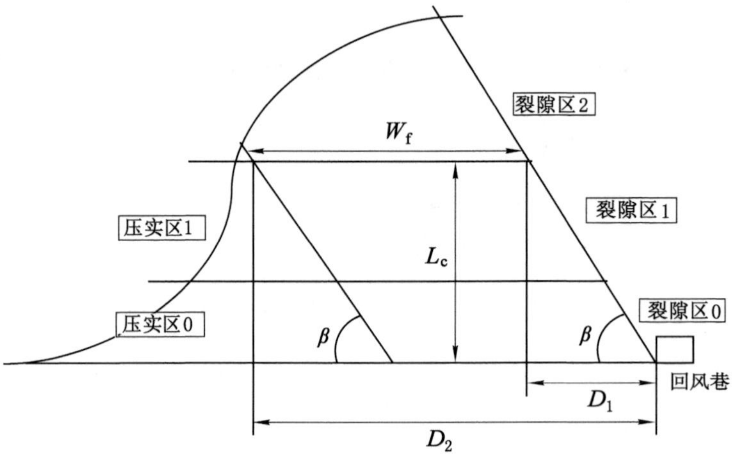

图 7-14　302 工作面采动覆岩裂隙分布范围计算模型

与裂隙带附近一定高度下的破断裂隙水平方向分布范围，如表 7-2 所列。

表 7-2　302 工作面破断裂隙水平方向分布范围

Lc/ m	W_f/m	β/(°)	D_1/m	D_2/m
8	20.8	58	5.0	25.8
12	20.8	58	7.5	28.3
16	20.8	58	10.0	30.8
20	20.8	58	12.5	33.3

根据关键层理论与已有研究成果，不规则垮落带、规则垮落带、裂隙带理论高度计算公式如下[86-88]：

$$\begin{cases} H_1 = k_z \sum h_1 \\ H_2 = \dfrac{M}{k_k - 1} \\ H_l = \dfrac{100\sum M}{1.2\sum M + 2.0} \pm 8.9 \end{cases} \tag{7-3}$$

式中　H_1，H_2，H_l ——不规则垮落带、规则垮落带、裂隙带的高度，m；

$\sum h_1$ ——煤层直接顶厚度，m；

k_z ——煤层直接顶碎胀系数，一般为 1.1～1.4；

k_k ——规则垮落带碎胀系数，一般为 1.2～1.5；

M ——采高，m。

由 302 工作面地质条件可知，工作面采高为 4 m，直接顶为泥岩，基本顶为 K_2 石灰岩，中间夹杂两层 0.5 m 煤层，故煤层直接顶厚度为 5.5 m，直接顶碎胀系数取 1.1，规则垮落带碎胀系数取 1.2，代入式(7-3)，计算结果如表 7-3 所列。

表 7-3 302 工作面采动覆岩“三带”高度理论计算结果

H_1/m	H_2/m	H_1/m	k_z	k_k	$\sum h_1$ /m	M/m
6.05	20.00	58.82	1.1	1.2	5.5	4

302 工作面采动覆岩“三带”高度综合分析结果如表 7-4 所列。由该表可知，不规则垮落带高度为 6.33 m，为采高的 1.58 倍，规则垮落带高度为 17.90 m，为采高的 4.48 倍，裂隙带高度为 60.36 m，为采高的 15.09 倍。

表 7-4 302 工作面采动覆岩“三带”高度综合分析结果

方法	不规则垮落带高度/m	规则垮落带高度/m	裂隙带高度/m	弯曲下沉带高度/ m
理论计算	6.05	20.00	58.82	—
物理相似材料模拟实验	6.60	15.80	61.90	82.10
综合分析	6.33	17.90	60.36	82.10

综合分析 302 工作面采动覆岩“三带”高度结果，结合矿井具体地质条件，最终确定 302 工作面顶板走向定向长钻孔合理布置层位在 K_2 之上的粉砂岩之中，此层位处于垮落带上部，顶板走向高抽巷下部，与回风巷之间的平距为 3～15 m，与煤层顶板垂距为 11～20 m。这样既保证钻孔的稳定性，又不与顶板走向高抽巷抽采相互干扰。

其中钻场参数设计如下：

① 钻场尺寸：8 m×6 m×3 m(长×宽×高)；

② 钻场个数：5 个；

③ 钻场间距：400 m；

④ 钻场搭接：50 m。

钻孔布置参数如下：

① 钻孔直径：94 mm；

② 钻孔长度：450 m；

③ 钻孔层位：粉砂岩，距煤层上方 11～25 m；

④ 内错距离：距回风巷 3～15 m；

⑤ 钻孔个数：每个钻场内布置 3 个钻孔。

各钻场顶板走向定向长钻孔的具体布置参数如表 7-5 所列。

表 7-5 各钻场顶板走向定向长钻孔的具体布置参数

钻场编号	钻孔编号	具体布置参数				
		钻孔直径/mm	方位角/(°)	开孔倾角/(°)	孔深/m	终孔距煤层顶板高度/m
4	1#	94	25	11	450	24
	2#	94	25	7	450	24
	3#	94	25	5	450	24

表 7-5(续)

钻场编号	钻孔编号	具体布置参数				
		钻孔直径/mm	方位角/(°)	开孔倾角/(°)	孔深/m	终孔距煤层顶板高度/m
3	1#	94	25	11	450	22
	2#	94	25	7	450	22
	3#	94	25	5	450	22
2	1#	94	25	11	450	18
	2#	94	25	7	450	18
	3#	94	25	5	450	18
1(+)	1#	94	25	11	450	20
	2#	94	25	7	450	20
	3#	94	25	5	450	20
1	1#	94	25	13	450	19
	2#	94	25	8	450	19
	3#	94	25	7	450	19

7.4 顶板走向高抽巷抽采瓦斯技术

7.4.1 顶板走向高抽巷抽采瓦斯技术原理

根据采动裂隙椭抛带中瓦斯运移的形态，即升浮-扩散理论，得知在采动裂隙椭抛带上部离层裂隙发育区漂浮并聚集了大量的瓦斯，在其周边(层面上呈现的椭圆形圈)破断裂隙发育区内则有大量的游离瓦斯运移，如将顶板走向高抽巷置于采动裂隙椭抛带，并有较大的空间。当采动导致覆岩变形垮落后，邻近层及围岩内的原有瓦斯平衡被破坏，由此解吸出的瓦斯沿采动裂隙向采空区流动，高抽巷通过抽采采空区顶板裂隙及垮落带内积存的高浓度瓦斯，切断上邻近层的瓦斯涌向工作面通道，对采空区下部瓦斯起到拉动作用，从而减少工作面瓦斯涌出，控制上隅角瓦斯积聚。顶板走向高抽巷平面、沿走向剖面、沿倾向剖面布置图如图 7-15～图 7-17 所示。

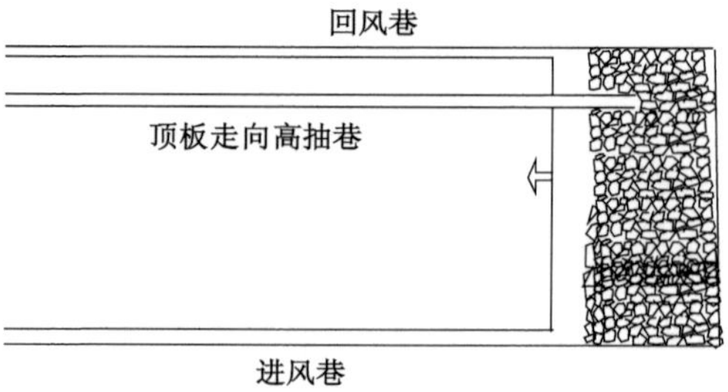

图 7-15 顶板走向高抽巷平面布置图

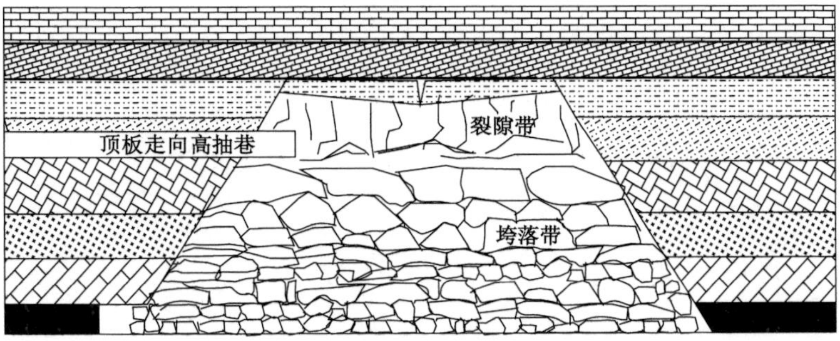

图 7-16 顶板走向高抽巷沿走向剖面布置图

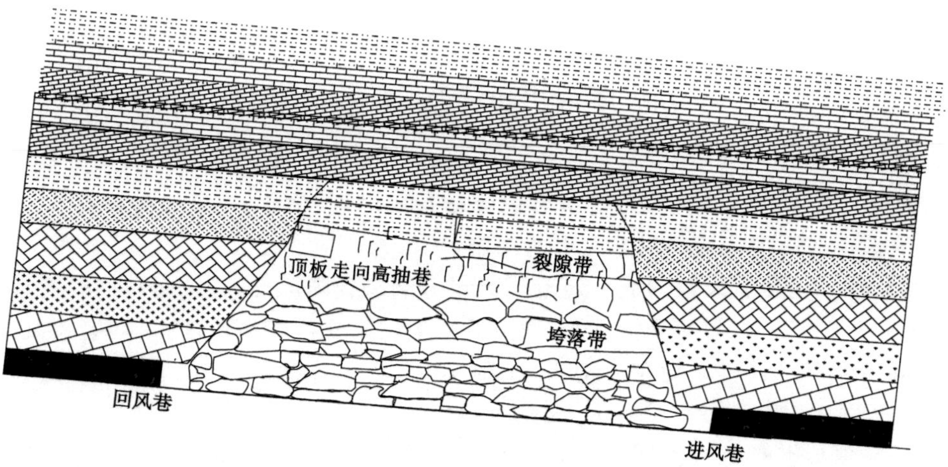

图 7-17 顶板走向高抽巷沿倾向剖面布置图

7.4.2 顶板走向高抽巷抽采瓦斯系统布置

顶板走向高抽巷是沿走向在覆岩采动裂隙带内布置一条岩石巷来抽采瓦斯，如图 7-18 所示。现场经验表明，顶板走向高抽巷抽采瓦斯的效果很大程度上取决于其所处位置，即与顶板走向高抽巷布置层位、顶板走向高抽巷与回风巷距离等有关。

(1) 顶板走向高抽巷布置层位的确定

如果将顶板走向高抽巷布置在垮落带范围(即竖向破断裂隙高度下)，尽管处于充分卸压带，但因邻近层容易受到破坏很快垮落，使其中的顶板走向高抽巷也被破坏，难以起到持续抽采瓦斯的作用。而如果将顶板走向高抽巷布置在裂隙带，因邻近层充分卸压，透气性能大大增加，赋存在煤层及围岩中的瓦斯容易大量释放，有利于顶板走向高抽巷的瓦斯抽采。其中如果太接近垮落带，虽对解决涌入工作面的瓦斯有很大作用，但易抽走工作面空气，瓦斯抽采浓度不高；如果布置在裂隙带上部，虽然可以抽采一定量的邻近层瓦斯，但不能防止下部卸压瓦斯大量涌入采煤工作面。因此，顶板走向高抽巷在采动裂隙带的布置层位应处于裂隙带下部靠近垮落带附近，一般为：

$$h_{高} = h_1 \cos\alpha + \Delta h \tag{7-4}$$

式中 $h_{高}$——顶板走向高抽巷与煤层顶板的垂距，m；

h_1——垮落带高度，取 19.5 m；

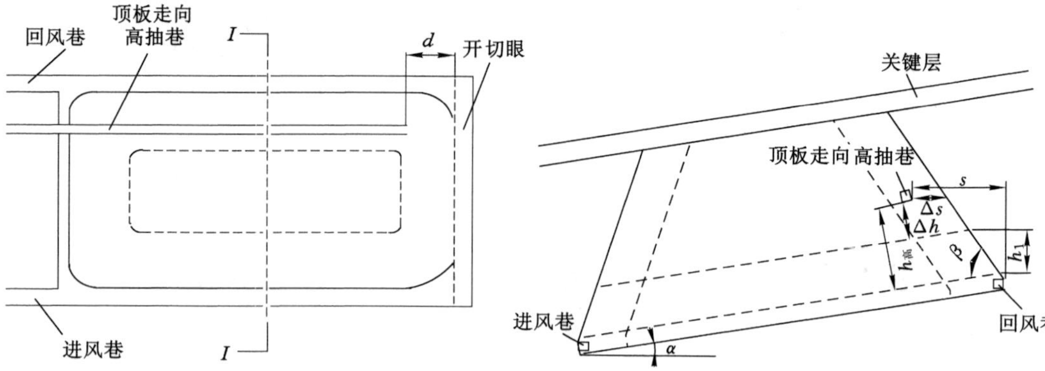

(a) 平面图　　　　(b) I—I 剖面图

图 7-18　顶板走向高抽巷布置示意图

α ——煤层倾角,(°);

Δh ——防止顶板走向高抽巷破坏的安全保险高度,为 1～3 倍采高,m。

(2) 顶板走向高抽巷与回风巷距离的确定

沿倾斜方向,上覆岩层也形成一定范围的充分卸压裂隙区,顶板走向高抽巷布置在裂隙带内,抽采效果较好。由前面分析可知,回风巷一侧的采空区瓦斯浓度高,抽采效果好,因此工作面顶板走向高抽巷应布置在回风巷内侧附近,与回风巷的平距为:

$$s = h_{高} \cos(\beta - \alpha)/\sin\beta + \Delta s \tag{7-5}$$

式中　s ——顶板走向高抽巷与回风巷的平距,m;

β ——回风巷附近垮落角,取 64°;

Δs ——顶板走向高抽巷伸入裂隙带的水平投影长度,不小于 11 m。

根据式(7-4)和式(7-5)计算得出,顶板走向高抽巷的合理布置参数为距煤层顶板垂距 24～33 m,距回风巷平距 26～32 m。

7.4.3　顶板走向高抽巷布置参数模拟验证

为了比较顶板走向高抽巷在不同抽采位置时的瓦斯抽采效果,本次使用 FLUENT 软件进行模拟对比,具体模拟方案如 7-6 所列。

表 7-6　顶板走向高抽巷布置模拟方案

位置	通风条件	距煤层顶板垂距/m	距回风巷平距/m	模拟目的
1	U 形通风,风量为 2 200 m^3/min	25	24	确定最佳垂距和平距
2		25	30	
3		25	36	
4		15	30	
5		35	30	

瓦斯抽采效果的评价指标为在相同抽采负压下,顶板走向高抽巷的瓦斯抽采浓度和上隅角瓦斯浓度。瓦斯抽采浓度越高,抽采效果越好。同时,上隅角瓦斯浓度越低,抽采效果越好。在具体瓦斯抽采效果评价中,应首先考察瓦斯抽采浓度,然后考察上隅角瓦斯浓度是

否满足安全要求。

7.4.3.1 U形通风+顶板走向高抽巷下采场瓦斯浓度分布规律

由顶板走向高抽巷在位置4时的瓦斯浓度分布图(图7-19)可知,顶板走向高抽巷抽采瓦斯的作用非常明显。从水平方向看,顶板走向高抽巷在抽采高浓度瓦斯的同时,抽采负压对气流的导向作用使得回风侧瓦斯浓度有很大降低。从纵向看,瓦斯浓度由下到上逐渐升高,也具有明显的分层特性,但由于顶板走向高抽巷的抽采作用,大量的卸压瓦斯汇集到梯台带后进入巷道,使回风侧瓦斯聚集区的层位提高到顶板走向高抽巷抽采口位置,上隅角瓦斯浓度降低。

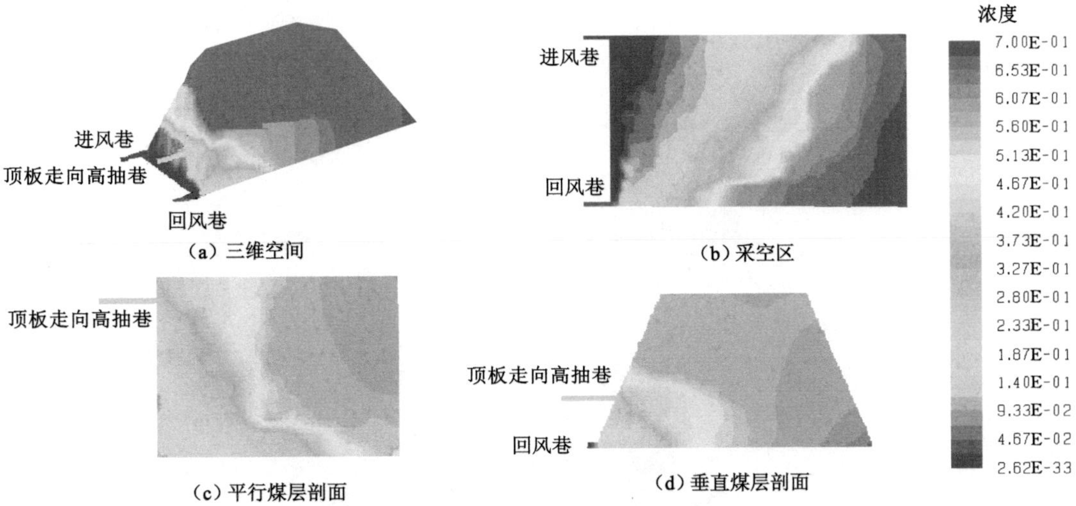

(a) 三维空间　(b) 采空区　(c) 平行煤层剖面　(d) 垂直煤层剖面

图7-19 瓦斯浓度分布图(位置4)

7.4.3.2 顶板走向高抽巷合理层位的FLUENT模拟比较

(1) 合理水平层位的确定

经过模拟计算,得出顶板走向高抽巷在位置1、2、3时的瓦斯浓度分布图(图7-20~图7-22),以及三种水平层位下的瓦斯抽采效果对比表(表7-7)。

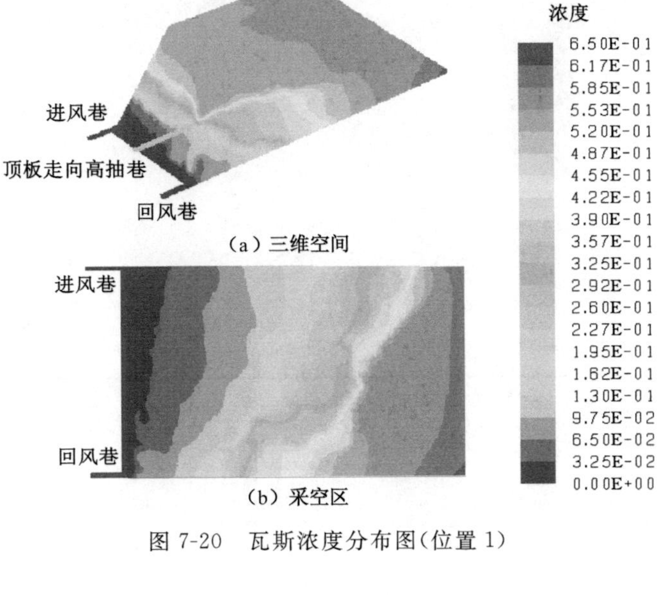

(a) 三维空间　(b) 采空区

图7-20 瓦斯浓度分布图(位置1)

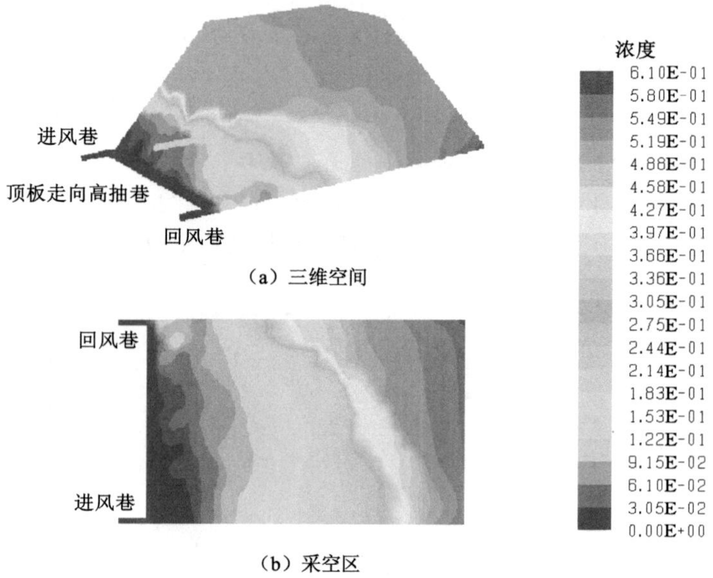

图 7-21　瓦斯浓度分布图(位置 2)

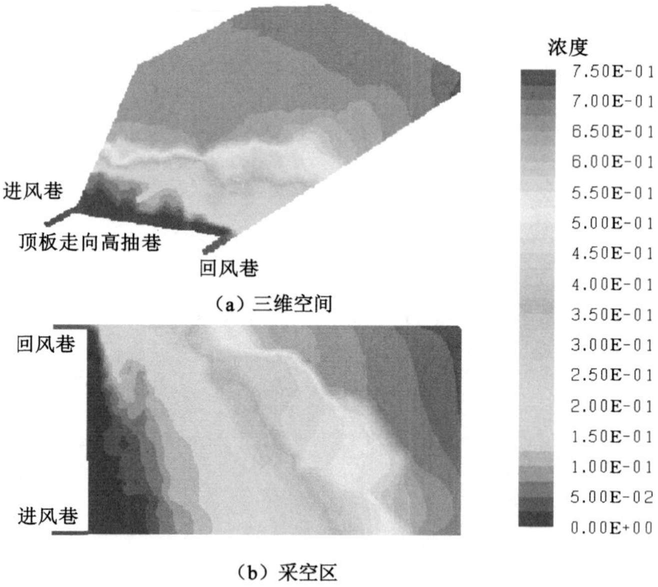

图 7-22　瓦斯浓度分布图(位置 3)

表 7-7　顶板走向高抽巷三种水平层位下的瓦斯抽采效果对比表

位置	抽采混合量/(m^3/min)	抽采浓度/%	抽采纯量/(m^3/min)	上隅角浓度/%	回风巷浓度/%
1	150	20～22	30～33	3.2～6.1	1.2～1.4
2	150	26～28	39～42	2.2～4.3	0.8～1.1
3	150	19～21	28～30	4.1～6.9	1.3～1.5

由图 7-20～图 7-22 及表 7-7 可知，三种水平层位布置中，顶板走向高抽巷处于位置 2 时的抽采浓度最高(26%～28%)，上隅角瓦斯浓度较低(2.2%～4.3%)，回风巷瓦斯浓度接近规定水平(0.8%～1.1%)。因此，综合而言，顶板走向高抽巷处于位置 2 时的瓦斯抽采效果最好。

(2) 合理垂直层位的确定

经过模拟计算，得出顶板走向高抽巷在位置 5 时的瓦斯浓度分布图(图 7-23)，结合位置 2、4、5 时的速度分布矢量图(图 7-24～图 7-26)，可得到三种垂直层位下的瓦斯抽采效果对比表(表 7-8)。

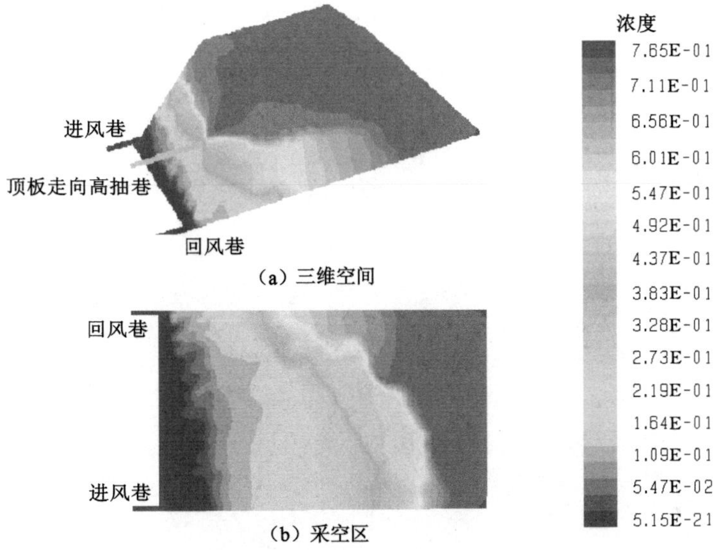

图 7-23 瓦斯浓度分布图(位置 5)

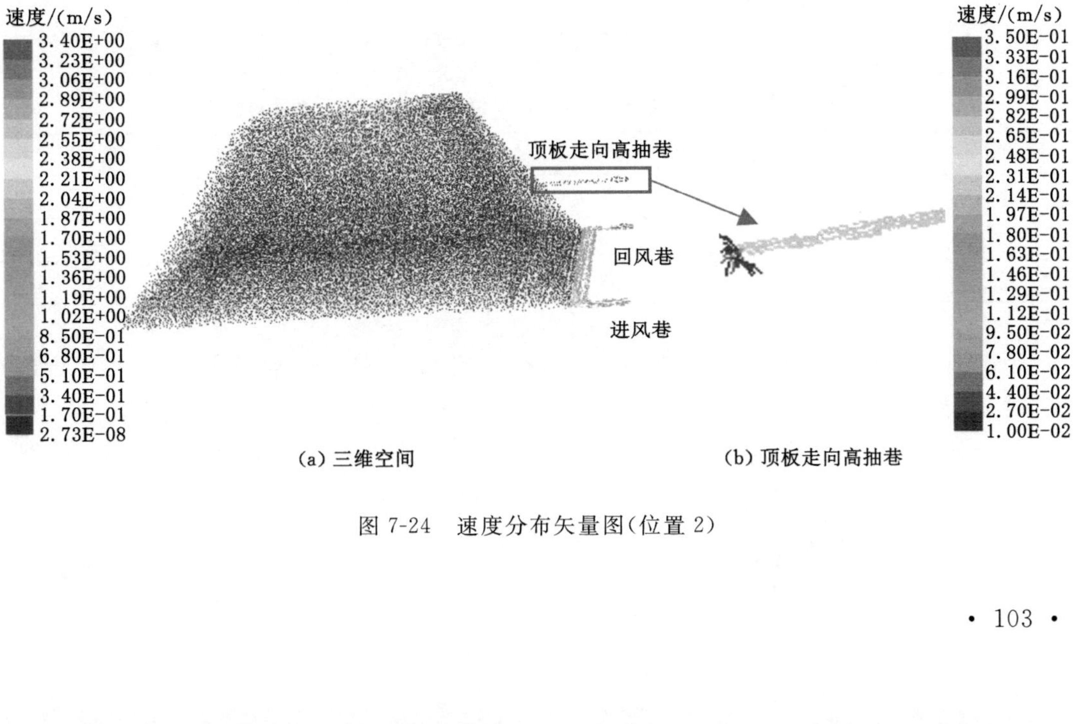

图 7-24 速度分布矢量图(位置 2)

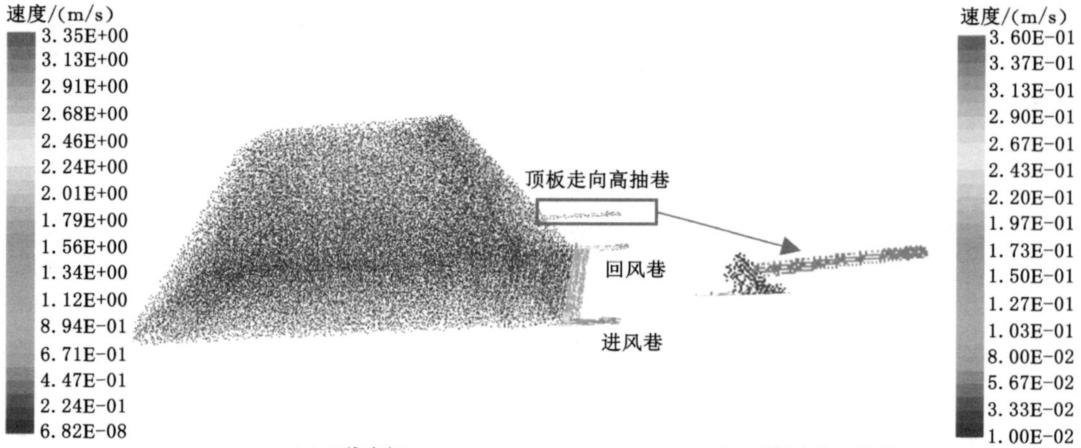

(a) 三维空间　　(b) 顶板走向高抽巷

图 7-25　速度分布矢量图(位置 4)

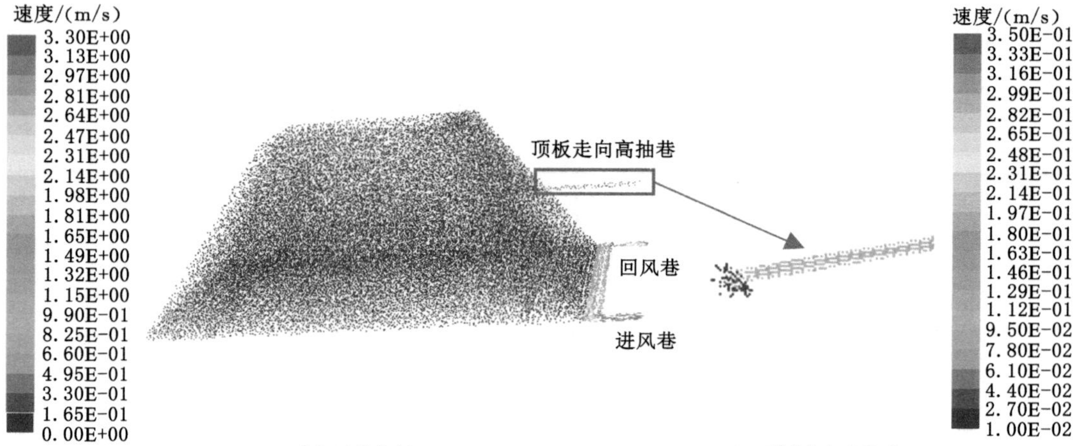

(a) 三维空间　　(b) 顶板走向高抽巷

图 7-26　速度分布矢量图(位置 5)

表 7-8　顶板走向高抽巷三种垂直层位下的瓦斯抽采效果对比表

位置	抽采混合量/(m^3/min)	抽采浓度/%	抽采纯量/(m^3/min)	上隅角浓度/%	回风巷浓度/%
2	150	26～28	39～42	2.2～4.3	0.8～1.1
4	180	16～19	29～34	3.1～5.2	1.2～1.5
5	100	31～33	31～33	3.9～6.8	1.2～1.4

由图 7-19、图 7-21、图 7-23～图 7-26 及表 7-8 可知，三种垂直层位布置中，顶板走向高抽巷处于位置 2 时的抽采纯量最大(39～42 m^3/min)，上隅角瓦斯浓度较低(2.2%～4.3%)，回风巷瓦斯浓度接近规定水平(0.8%～1.1%)；尽管处于位置 4 时的顶板走向高抽巷抽采混合量较大，但由于与垮落带相距较近，抽采浓度较低(16%～19%)，抽采纯量较小(29～34 m^3/min)，而处于位置 5 时的抽采浓度较高，但由于与垮落带相距较远，在相同负压条件下，抽采混合量较小(100 m^3/min)，抽采纯量较小(31～33 m^3/min)，且这两种布置

位置的上隅角及回风巷瓦斯浓度均高于位置 2 布置位置的上隅角及回风巷瓦斯浓度。

综上所述，天池煤矿顶板走向高抽巷的布置位置(距煤层顶板垂距 24～33 m，距回风巷平距 26～32 m)设计合理，其中顶板走向高抽巷距煤层顶板垂距 25 m、距回风巷平距 30 m 时，瓦斯抽采效果最好。

7.5 采动卸压瓦斯综合抽采模式

在矿井生产实践中，瓦斯涌出来源复杂，瓦斯抽采效率有待进一步提高。根据现有的多种瓦斯抽采方法，对采动裂隙带瓦斯抽采方法进行整合，综合考虑巷道抽采、钻孔抽采以及管路抽采等抽采方法，着重解决矿井工作面瓦斯赋存问题，提高瓦斯抽采效率。

采动裂隙带瓦斯抽采一般是工作面回采后应用，因此需保证工作面的安全回采条件。采用区域和局部综合防突措施后，对于煤与瓦斯突出矿井采煤工作面，满足《防治煤与瓦斯突出规定》方可回采；对于高瓦斯矿井采煤工作面，满足《煤矿瓦斯抽采基本指标》(GB 41022—2021)方可回采。工作面回采前，根据煤层赋存、瓦斯赋存、工作面条件等预测工作面瓦斯涌出量，参考《煤矿瓦斯治理经验五十条》、《采煤工作面瓦斯综合治理设计规范》(NB/T 51003—2012)可分级选择采动裂隙带瓦斯抽采方法，如表 7-9 所列。

表 7-9 采动裂隙带瓦斯抽采方法

工作面瓦斯涌出量/(m^3/min)	瓦斯抽采方法
⩽10	插管或埋管或高位钻孔抽采
10～20	常规高位钻孔抽采为主，插管或埋管抽采为辅
20～50	抽采巷、定向高位钻孔或地面钻井抽采为主，插管或埋管抽采为辅
⩾50	抽采巷、高位钻孔、埋管、地面钻井等综合抽采

对于煤与瓦斯突出矿井，当矿井工作面回采期间瓦斯涌出量超过一定值时，单一的瓦斯抽采方法无法有效解决瓦斯问题，必须进行采动裂隙带瓦斯综合抽采，才能保证安全生产。根据天池煤矿生产实践活动，并基于天池煤矿不同工作面及回采工艺条件下的覆岩裂隙演化规律及“三带”高度分布特征，运用理论分析、实验室实验、物理相似材料模拟实验、数值模拟实验及现场试验相结合的研究方式，进一步确定工作面采动卸压瓦斯抽采技术及布置参数，形成了顶板走向高抽巷抽采为主导、顶板走向定向长钻孔抽采为辅助、上隅角埋管抽采为补充的卸压瓦斯综合抽采模式(图 7-27)，有效提高了煤矿瓦斯抽采效率，减少了煤与瓦斯突出等矿井地质灾害的发生。

(1) 顶板走向高抽巷在采动裂隙带的布置层位应处于裂隙带下部靠近垮落带附近，既保证顶板走向高抽巷的稳定性以及对邻近层瓦斯的充分抽采，又防止下部卸压瓦斯大量涌入采煤工作面。顶板走向高抽巷抽采瓦斯效果与布置层位、距回风巷平距、始抽距离(抽采出瓦斯时工作面推过顶板走向高抽巷端头的长度)、抽采负压等参数有关。

天池煤矿顶板走向高抽巷抽采瓦斯实践表明[89]，对于不易自燃煤层，顶板走向高抽巷一般布置在裂隙带，与煤层顶板垂距为 30 m(6～7 倍采高)，与回风巷平距为 30 m(1/6～1/3 工作面斜长)，抽采负压为 1～2 kPa 时，抽采瓦斯效果较好。例如 103 综放工作面瓦斯

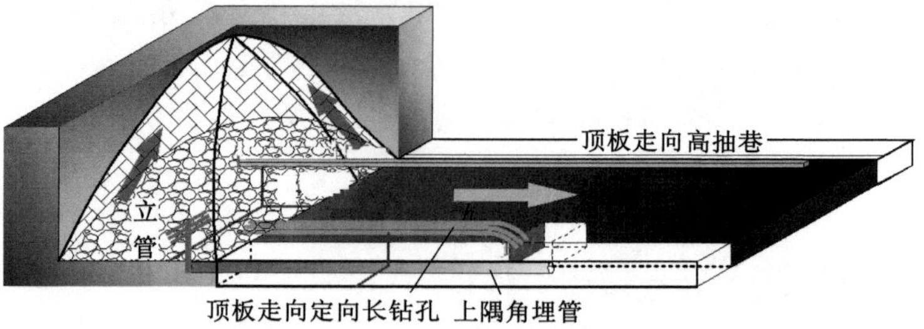

图 7-27 工作面卸压瓦斯综合抽采模式示意图

抽采纯量最高为 50.7 m^3/min,平均为 35.1 m^3/min,抽采纯量占瓦斯涌出量的 54%～66%。

(2) 常规高位钻孔存在有效抽采段小、钻孔利用率较低、层位定位不准、抽采效果不稳定等问题,尤其是低位钻场施工的穿层钻孔。为改善这些问题,部分矿区已在高位钻场使用大功率钻机,应用钻杆稳定器来施工大直径水平长钻孔。尤其是近年来随着施工钻具的发展,许多矿井在低位钻场使用定向钻机施工高位长钻孔来抽采瓦斯,可以控制钻孔轨迹、提高钻孔利用率、强化瓦斯抽采效果,该方法是今后主要发展的瓦斯抽采方法。顶板走向定向长钻孔主要采用滑动定向钻进技术和复合定向及回转扩孔钻进技术[90]。顶板走向定向长钻孔一般在每个钻场布置 3～5 个钻孔,长度为 300～800 m,直径可达 200～300 mm。

(3) 埋管抽采瓦斯技术是在回风巷敷设一条瓦斯抽采管,常见埋管的抽采管吸气口位于采空区底板处,瓦斯抽采浓度不高(一般在 5%～10%)。为提高该方法的瓦斯抽采效果,可采用埋立管或 T 形管等方式,将吸气口抬高,如图 7-28 所示。

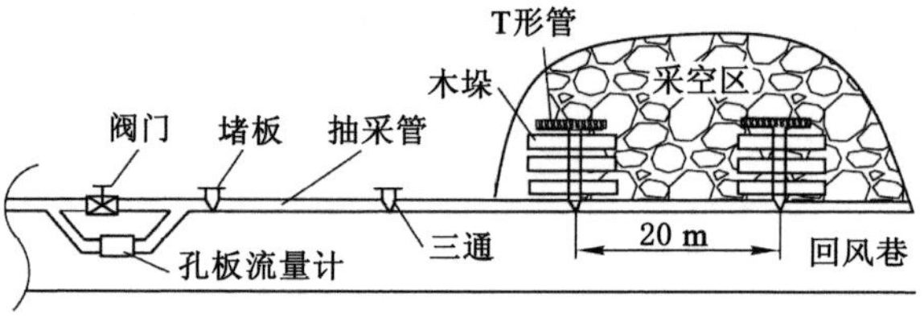

图 7-28 采空区埋 T 形管抽采瓦斯布置示意图

8 采动卸压瓦斯安全抽采效果分析

8.1 上隅角埋管抽采瓦斯效果分析

天池煤矿的上隅角抽采管路与高位钻孔抽采管路并管抽采，且上隅角抽采管路更换频繁，没有单独传感器对其跟踪监测，故无法对上隅角埋管抽采效果进行单独考察。因此，选取邻近相似矿井进行类比分析。

(1) 潞安集团王庄煤矿 6206 工作面概况

潞安集团王庄煤矿主采的 3 煤层赋存于二叠系山西组地层中下部，为陆相湖泊型沉积，煤层厚度稳定，为 6.2～6.8 m，平均为 6.5 m。全煤含夹矸 5 层，上部含夹矸 2 层，下部含夹矸 3 层，累计厚度为 0.4 m，煤层倾角为 5°～6°。

6206 工作面位于 62 采区下山，是该矿埋藏最深的工作面之一。工作面运输巷沿南北方向布置，长度为 1 800 m。工作面前 680 m 开切眼长为 142 m，后 1 120 m 开切眼长为 238 m。工作面采用一次采全高低位放顶煤开采技术。

(2) 上隅角埋管方式

在 62 采区下山专用回风巷和 62 采区下山专用运输巷之间建立瓦斯抽采硐室，在 62 采区下山专用回风巷和 6206 回风巷内布置抽采管路；在 6206 回风巷内，每 30 m 设置一组钻孔，向顶板打钻 10 m，底板打钻 2 m，钻孔内安设筛管与抽采系统相接；抽放泵选用 2BEY40 水环真空泵，抽气量为 85 m^3/min，配套电机功率为 110 kW，采用“三专”供电；考虑到垮落的煤和岩石碰到埋管时可能产生火花引起危险，选用外径为 377 mm 的 PE 管。

(3) 抽采效果

在 6206 工作面采用埋管抽采解决上隅角瓦斯三个月以来，最高瓦斯抽采浓度为 4.5%，平均瓦斯抽采纯量为 2 m^3/min，上隅角瓦斯浓度控制在 0.20%～0.65%，有效解决了上隅角瓦斯的积聚问题，保证了工作面的安全生产。

8.2 顶板走向定向长钻孔抽采瓦斯效果分析

8.2.1 顶板走向定向长钻孔抽采瓦斯效果影响因素分析

(1) 顶板走向定向长钻孔空间参数对瓦斯抽采浓度的影响

持续对 1(十)号和 1 号钻场各顶板走向定向长钻孔瓦斯抽采浓度进行现场监测，得到了各钻孔瓦斯抽采浓度与工作面推进距离之间的关系，如图 8-1 所示。

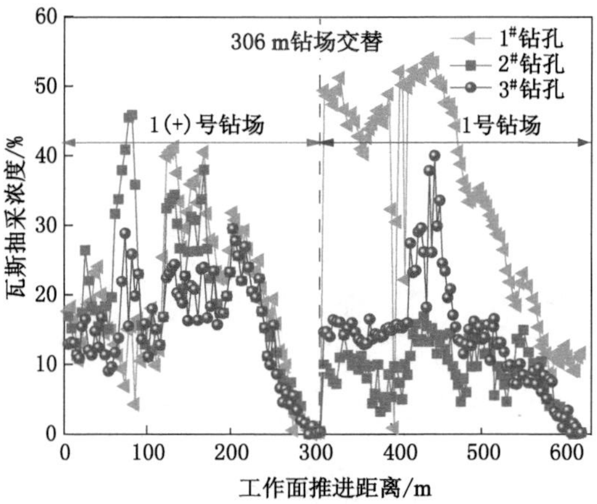

图 8-1 1(+)号和 1 号钻场各钻孔瓦斯抽采浓度与工作面推进距离之间的关系

由图 8-1 可以看出，1(+)号和 1 号钻场各钻孔瓦斯抽采浓度表现出与钻孔垂直布置层距呈正相关关系，即垂距越大其瓦斯抽采浓度越高。

其中，在 1(+)号钻场内，1# 钻孔垂距为 13.67 m，2# 钻孔垂距为 14.56 m，均高于 3# 钻孔垂距(11.08 m)，所以 1# 钻孔和 2# 钻孔瓦斯抽采浓度总体上高于 3# 钻孔瓦斯抽采浓度。但是在工作面推进到 150 m 范围前后，1# 钻孔瓦斯抽采浓度赶超 2# 钻孔瓦斯抽采浓度，达到最高值，这是由于 2# 钻孔垂距在此时降低到 12 m，而 1# 钻孔垂距较为平稳，一直维持在 13 m 以上。

在 1 号钻场内，1# 钻孔垂距为 17.92 m，2# 钻孔垂距为 7.94 m，3# 钻孔垂距为 15.04 m。其中，1# 钻孔瓦斯抽采浓度前期达到 45%～55%，为两个钻场浓度最高的单孔。而 2# 钻孔瓦斯抽采浓度稳定在 10%左右，结合前文“三带”高度分析结果说明钻孔垂距过低，位于垮落带内。

综上，通过对 1(+)号和 1 号钻场各钻孔瓦斯抽采浓度的综合分析，发现随钻孔垂距增大各钻孔瓦斯抽采浓度呈升高的变化规律。此外，钻孔垂距应高于垮落带高度，否则将无法达到较高的瓦斯抽采浓度。

为了分析各钻孔瓦斯抽采浓度与钻孔垂距、平距在工作面推进过程中的变化规律及相互影响关系，以 1(+)-1# 钻孔为例，绘制出图 8-2。

由图 8-2 可以看出，随着工作面推进，1(+)-1# 钻孔瓦斯抽采浓度大致经历三个阶段：低位波动区、高位增长区、连续衰减区。在工作面推进到钻孔有效区域前段(0～120 m)范围内，钻孔瓦斯抽采浓度在 15%左右上下波动。推进到钻孔有效区域中段(120～200 m)范围内，钻孔瓦斯抽采浓度以较大幅度提升至 35%左右上下波动且波动范围较前段有所减小。推进到钻孔有效区域后段(200～300 m)范围内，钻孔瓦斯抽采浓度伴随着钻孔层位的急剧降低快速衰减。

这一方面说明伴随着工作面的推进，裂隙带受顶板周期来压的影响，处于不断压实与形成的动态变化过程中，瓦斯运移通道也在不断闭合与重构，造成钻孔瓦斯抽采浓度的上下波动。另一方面说明钻孔层位对瓦斯抽采浓度具有显著的影响，合理的布置层位可较大提高瓦斯抽采效果。此外，在钻孔垂距不断降低的后 100 m 范围内，瓦斯抽采浓度迅速降低，为

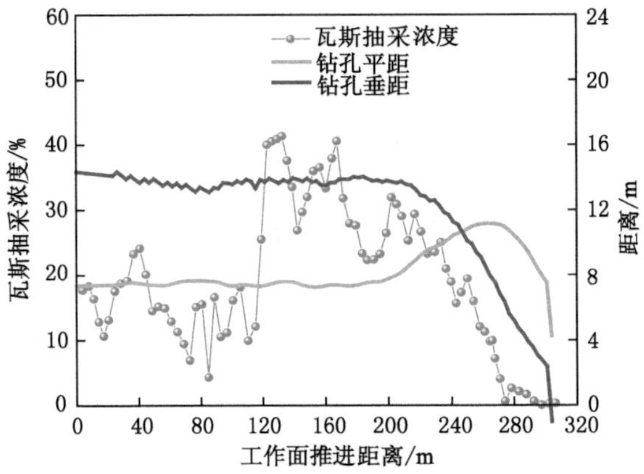

图 8-2　1(＋)-1# 钻孔瓦斯抽采浓度与钻孔垂距、平距在工作面推进过程中的变化关系

保证抽采效果，两个钻场间需要考虑合理的搭接距离。以钻孔瓦斯抽采浓度衰减至钻孔平均瓦斯抽采浓度为原则，两钻场间合理的搭接距离应调整为 80 m。

(2) 顶板走向定向长钻孔空间参数对瓦斯抽采纯量的影响

持续对 1(＋)号和 1 号钻场各顶板走向定向长钻孔瓦斯抽采参数进行现场监测，计算得到各钻孔瓦斯抽采纯量与工作面推进距离之间的关系，如图 8-3 所示。

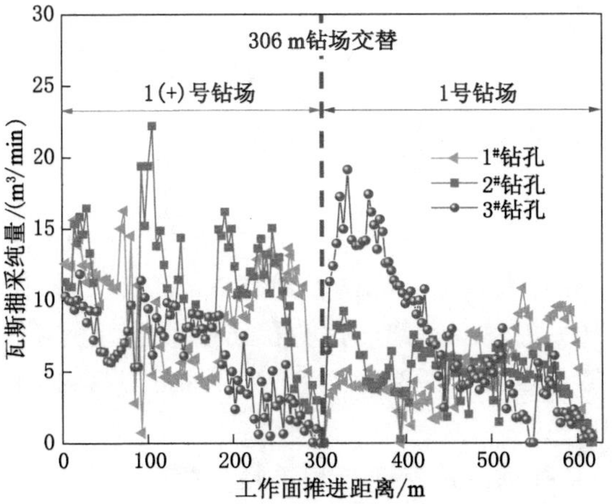

图 8-3　1(＋)号和 1 号钻场各钻孔瓦斯抽采纯量与工作面推进距离之间的关系

由图 8-3 可以看出，1(＋)号和 1 号钻场各钻孔瓦斯抽采纯量与钻孔垂距并不呈现绝对正相关关系，这与钻孔瓦斯抽采浓度和钻孔垂距的关系有所不同。

其中，在 1(＋)号钻场内，三个钻孔的垂距关系是：2# ＞ 1# ＞ 3#，钻孔瓦斯抽采纯量基本上也是 2# ＞ 1# ＞ 3#，钻孔瓦斯抽采纯量与钻孔垂距呈正相关关系，且 2# 钻孔最大瓦斯抽采纯量达到 22.3 m^3/min。这说明钻孔垂距在 11～15 m 范围内各钻孔的抽采流量没有发生明显变化，浓度变化为影响钻孔瓦斯抽采纯量的主要因素。

在 1 号钻场内，三个钻孔的垂距关系是：1# ＞ 3# ＞ 2#，而钻孔瓦斯抽采纯量的变化则较为复杂。整体上来看，1# 钻孔和 3# 钻孔瓦斯抽采纯量大于 2# 钻孔瓦斯抽采纯量，说明 2# 钻孔垂距过低不仅导致钻孔瓦斯抽采浓度较低，而且导致钻孔抽采流量也较低。对比 2# 钻孔和 3# 钻孔瓦斯抽采纯量，在钻孔前 150 m 范围内，3# 钻孔瓦斯抽采纯量明显大于 2# 钻孔瓦斯抽采纯量，之后，3# 钻孔瓦斯抽采纯量出现明显减小，说明钻孔垂距越大，抽采流量越大，但钻孔垂距超过一定范围后，瓦斯抽采纯量可能会出现明显减小。

综上，通过对 1(＋)号和 1 号钻场各钻孔瓦斯抽采纯量的综合分析，发现随钻孔垂距增大各钻孔瓦斯抽采纯量整体呈增大的变化规律，但超过一定高度后，钻孔抽采流量的减小会导致瓦斯抽采纯量的减小。因此，钻孔垂距应控制在一定的范围内，而不是越大越好。

为了分析各钻孔瓦斯抽采纯量与钻孔垂距、平距在工作面推进过程中的变化规律及相互影响关系，以 1(＋)-3# 钻孔为例，绘制出图 8-4。

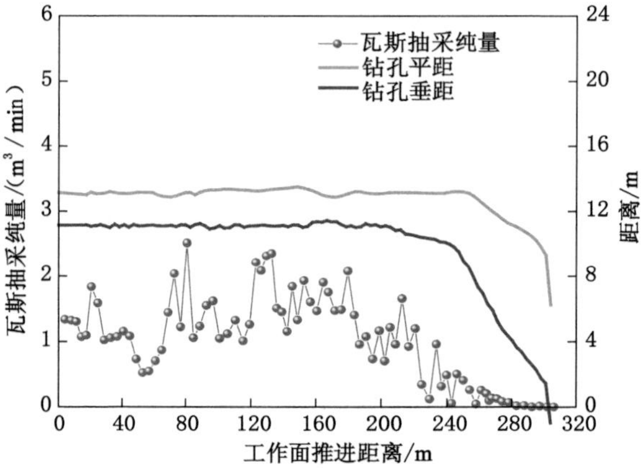

图 8-4　1(＋)-3# 钻孔瓦斯抽采纯量与钻孔垂距、平距在工作面推进过程中的变化关系

由图 8-4 可以看出，随着工作面推进，1(＋)-3# 钻孔瓦斯抽采纯量整体变化趋势与瓦斯抽采浓度变化趋势有所不同，大致可分为两个阶段：稳定波动区、连续衰减区。在工作面推进到钻孔有效区域前段(0～210 m)范围内，钻孔瓦斯抽采纯量在 1.5 m^3/min 左右上下波动。推进到钻孔有效区域后段(210～300 m)范围内，钻孔瓦斯抽采纯量伴随着钻孔层位的急剧降低而快速减小。

8.2.2　顶板走向定向长钻孔抽采瓦斯效果相关性分析

(1) 顶板走向定向长钻孔瓦斯抽采浓度空间演化规律

顶板走向定向长钻孔平均瓦斯抽采浓度与钻孔垂距、平距之间的关系如图 8-5 和图 8-6。

由图 8-5 可以看出，各钻孔平均瓦斯抽采浓度与钻孔垂距的变化曲线呈抛物线，并随着钻孔垂距的增大逐渐升高。当钻孔垂距由 7.94 m 增大到 17.92 m 时，钻孔平均瓦斯抽采浓度由 10.34％升高至 44.82％，升高了 3.3 倍。

由图 8-6 可以看出，各钻孔平均瓦斯抽采浓度与钻孔平距的变化曲线呈抛物线，并随着平距的增大逐渐降低。当钻孔平距由 2.82 m 增大到 13.13 m 时，钻孔平均瓦斯抽采浓度由 44.82％降低至 15.45％，降低了 65.5％。但钻孔平距到达 9 m 时，降低走势趋于平缓，在 10 m 附近近乎平直，不再继续降低。

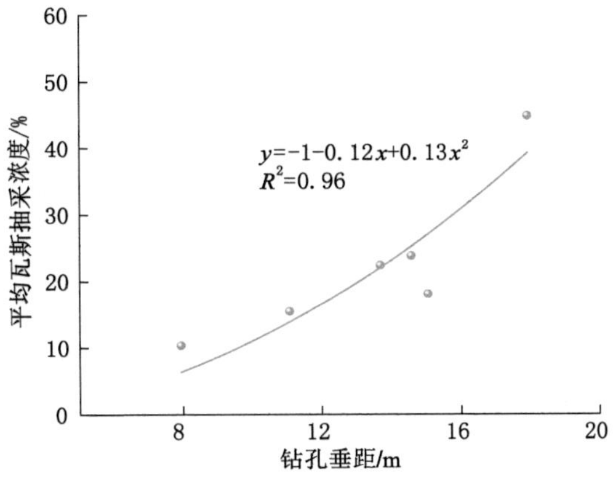

图 8-5 钻孔平均瓦斯抽采浓度与钻孔垂距之间的关系

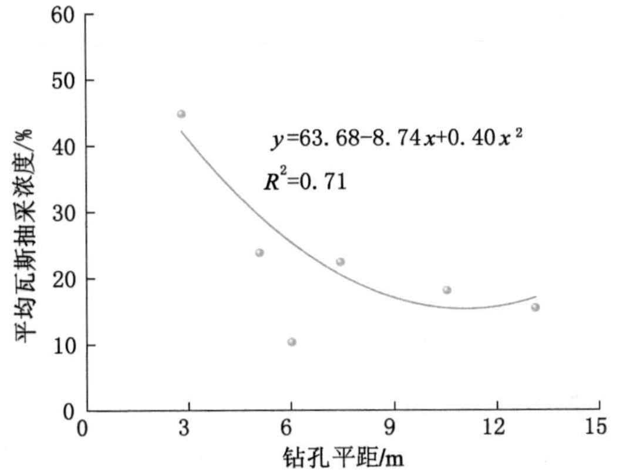

图 8-6 钻孔平均瓦斯抽采浓度与钻孔平距之间的关系

(2) 顶板走向定向长钻孔瓦斯抽采纯量空间演化规律

顶板走向定向长钻孔平均瓦斯抽采纯量与钻孔垂距、平距之间的关系如图 8-7 和图 8-8 所示。

由图 8-7 可以看出,各钻孔平均瓦斯抽采纯量与钻孔垂距的变化曲线呈抛物线,并随着钻孔垂距的增大先逐渐增大后逐渐减小。当钻孔垂距由 7.94 m 增大到 15.04 m 时,钻孔平均瓦斯抽采纯量由 0.57 m^3/min 增大至 1.63 m^3/min,增大了 1.86 倍。

由图 8-8 可以看出,各钻孔平均瓦斯抽采纯量与钻孔平距的变化曲线呈抛物线,并随着钻孔平距的增大先逐渐增大后逐渐减小。当钻孔平距由 2.82 m 增大到 13.13 m 时,钻孔平均瓦斯抽采纯量由 1.80 m^3/min 减小至 1.03 m^3/min,减小了 42.8%。

综合以上分析结果,前文确定的顶板走向定向长钻孔垂距、平距的范围较为合理,除个别钻孔施工存在偏差外,大多数钻孔处在合理设计层位内,抽采效果良好。

8.2.3 顶板走向定向长钻孔抽采瓦斯效果评价

对 302 工作面 1(十)号和 1 号钻场各钻孔瓦斯抽采效果进行现场监测,统计得到各钻孔全生命周期内平均瓦斯抽采浓度和纯量,如表 8-1 所列。

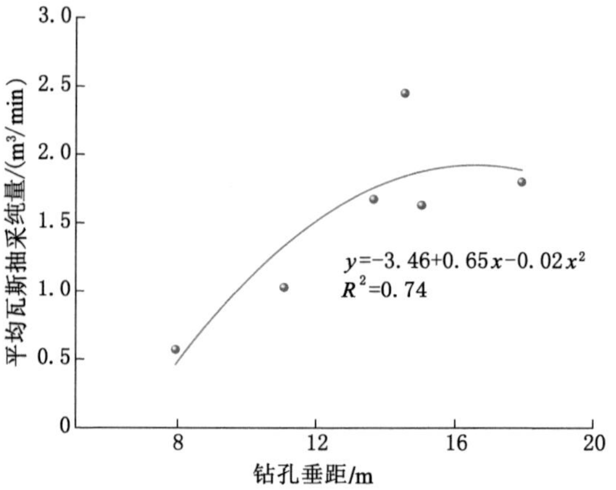

图 8-7　钻孔平均瓦斯抽采纯量与钻孔垂距之间的关系

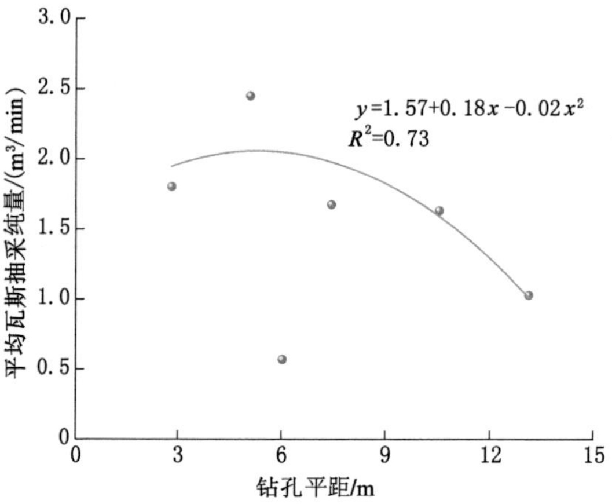

图 8-8　钻孔平均瓦斯抽采纯量与钻孔平距之间的关系

表 8-1　1(＋)号和 1 号钻场各钻孔平均瓦斯抽采浓度和纯量

钻场	钻孔	平距/m	垂距/m	平均瓦斯抽采浓度/%	平均瓦斯抽采纯量/(m^3/min)
1(＋)	1#	7.45	13.67	22.38	1.67
	2#	5.10	14.56	23.80	2.45
	3#	13.13	11.08	15.45	1.03
1	1#	2.82	17.92	44.82	1.80
	2#	6.03	7.94	10.34	0.57
	3#	10.54	15.04	18.08	1.63

其中，两个钻场不同层位钻孔平均瓦斯抽采浓度大小排序为：1-1#＞1(＋)-2#＞1(＋)-1#＞1-3#＞1(＋)-3#＞1-2#。钻孔平均瓦斯抽采纯量大小排序为：1(＋)-2#＞1-1#＞1(＋)-1#＞1-3#＞1(＋)-3#＞1-2#。

以钻孔平均瓦斯抽采浓度和平均瓦斯抽采纯量为评价指标，对两个钻场各钻孔瓦斯抽采效果进行评价，如表 8-2 所列。其中，钻孔平均瓦斯抽采浓度(c_c)考察分为 4 个等级，分别为：不达标($c_c<5\%$)、达标($5\%\leqslant c_c<15\%$)、良好($15\%\leqslant c_c<30\%$)、优秀($c_c\geqslant30\%$)。钻孔平均瓦斯抽采纯量(Q_c)考察同样分为 4 个等级，分别为：不达标($Q_c<0.1\ m^3/min$)、达标($0.1\ m^3/min\leqslant Q_c<0.5\ m^3/min$)、良好($0.5\ m^3/min\leqslant Q_c<1.5\ m^3/min$)、优秀($Q_c\geqslant1.5\ m^3/min$)。

表 8-2 顶板走向定向长钻孔瓦斯抽采效果评价表

评价指标	评价依据	评价等级	钻孔数量/个	占比/%
钻孔平均瓦斯抽采浓度 c_c	$c_c<5\%$	不达标	0	0
	$5\%\leqslant c_c<15\%$	达标	6	100
	$15\%\leqslant c_c<30\%$	良好	5	83.33
	$c_c\geqslant30\%$	优秀	1	16.67
钻孔平均瓦斯抽采纯量 Q_c	$Q_c<0.1\ m^3/min$	不达标	0	0
	$0.1\ m^3/min\leqslant Q_c<0.5\ m^3/min$	达标	0	100
	$0.5\ m^3/min\leqslant Q_c<1.5\ m^3/min$	良好	6	100
	$Q_c\geqslant1.5\ m^3/min$	优秀	4	66.67

由表 8-2 可知：钻孔平均瓦斯抽采浓度达标率为 100%，良好率为 83.33%，优秀率为 16.67%；钻孔平均瓦斯抽采纯量达标率为 100%，良好率为 100%，优秀率为 66.67%。因此，顶板走向定向长钻孔布置层位合理，抽采效果良好。

8.3 顶板走向高抽巷抽采瓦斯效果分析

根据 401 工作面现场实际观测，2011 年 2 月 6 日至 8 月 25 日顶板走向高抽巷瓦斯抽采纯量及其占瓦斯涌出量比例的变化情况如图 8-9 所示，瓦斯抽采混合量、纯量及浓度的变化情况如图 8-10 所示。

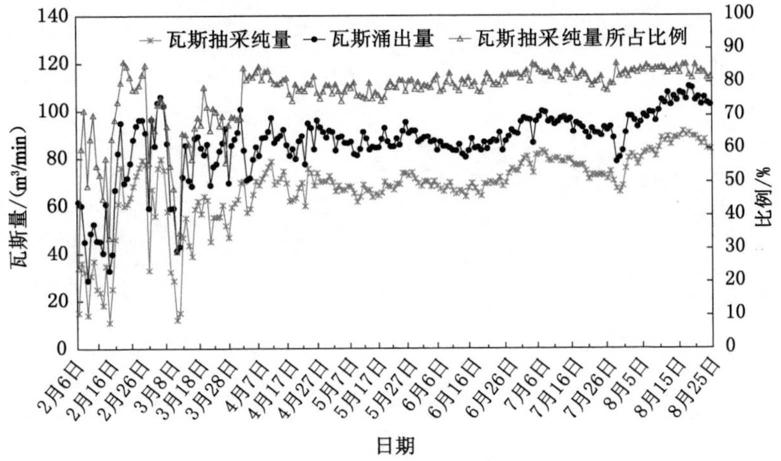

图 8-9 瓦斯抽采纯量及其占瓦斯涌出量比例的变化情况(401 工作面)

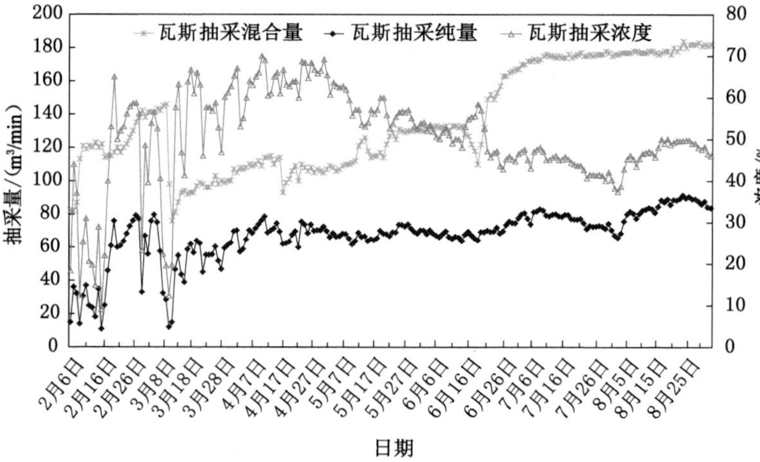

图 8-10 瓦斯抽采混合量、纯量及浓度的变化情况(401 工作面)

由图 8-9 和图 8-10 可以得到，2011 年 2 月 6 日至 8 月 25 日期间，瓦斯抽采浓度为 9.0%～70.3%，平均为 50.4%，瓦斯抽采纯量为 11.0～91.5 m^3/min，平均为 67.3 m^3/min，瓦斯抽采纯量占瓦斯涌出量的 24.3%～86.2%，平均为 76.7%，保证了工作面的安全生产。

2011 年 2 月 6 日，工作面推进 28.9 m 时，顶板走向高抽巷开始抽采出瓦斯，瓦斯抽采浓度为 17.8%，瓦斯抽采混合量为 80.3 m^3/min。2011 年 2 月 6 日至 3 月 10 日期间，随着工作面不断推进，瓦斯抽采浓度及抽采纯量整体虽然有所增加，但仍然较低，数值波动较大。2011 年 3 月 11 日至 5 月初期间，随着工作面的进一步推进，瓦斯抽采浓度及抽采纯量逐渐增加，瓦斯抽采浓度为 40.8%～70.3%，平均为 57.1%，瓦斯抽采纯量为 37.9～79.7 m^3/min。2011 年 5 月上旬开始，瓦斯抽采浓度不断降低，但瓦斯抽采混合量却不断增大，最终导致瓦斯抽采纯量缓慢增大。

根据 302 工作面现场实际观测，2018 年 2 月 28 日至 8 月 18 日顶板走向高抽巷瓦斯抽采纯量及其占瓦斯涌出量比例的变化情况如图 8-11 所示，瓦斯抽采混合量、纯量及浓度的

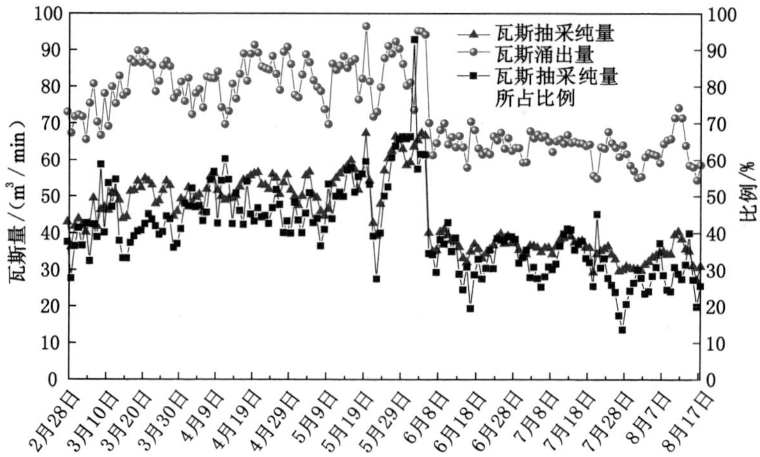

图 8-11 瓦斯抽采纯量及其占瓦斯涌出量比例的变化情况(302 工作面)

变化情况如图 8-12 所示。

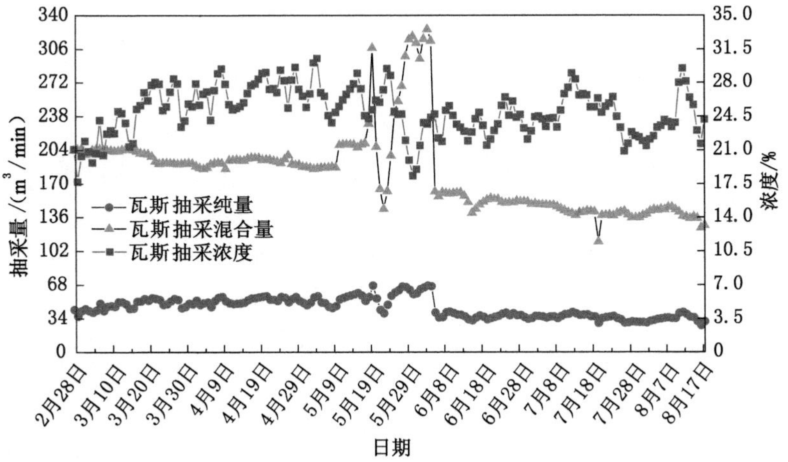

图 8-12 瓦斯抽采混合量、纯量及浓度的变化情况(302 工作面)

由图 8-11 和图 8-12 可以得到，2018 年 2 月 28 日至 8 月 18 日期间，瓦斯抽采浓度为 17.7%～30.5%，平均为 25.0%，瓦斯抽采纯量为 27.2～67.3 m^3/min，平均为 44.9 m^3/min，瓦斯抽采纯量占瓦斯涌出量的 46.8%～86.4%，平均为 60.2%，保证了工作面的安全生产。

8.4 综合抽采模式下的工作面瓦斯治理效果分析

从 2018 年 2 月至 8 月，对 302 工作面瓦斯抽采效果持续跟踪监测，对比分析顶板走向高抽巷、顶板走向定向长钻孔、上隅角埋管抽采及风排瓦斯效果，得到不同抽采方式下瓦斯抽采纯量、风排瓦斯量与瓦斯涌出量之间的关系，如图 8-13 所示。

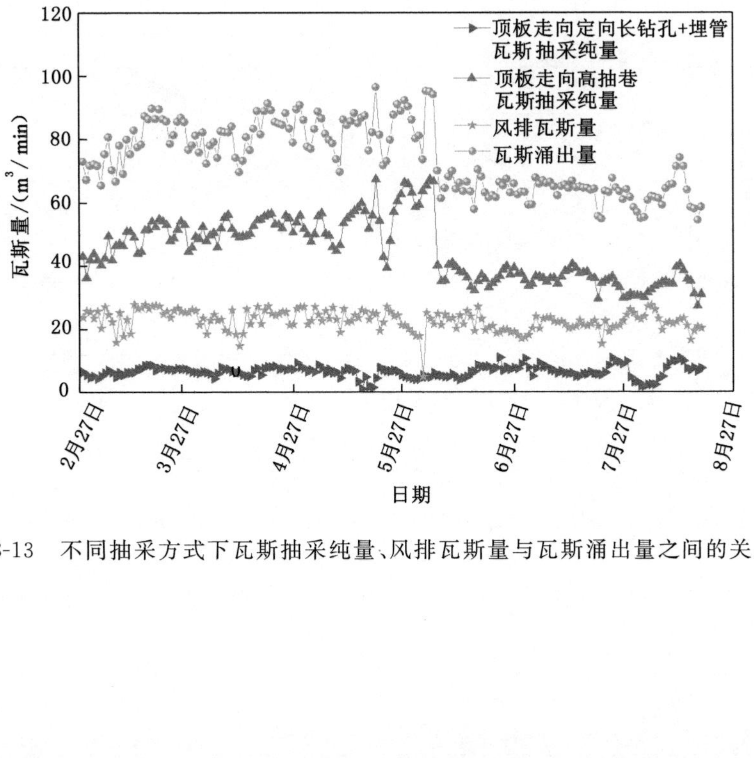

图 8-13 不同抽采方式下瓦斯抽采纯量、风排瓦斯量与瓦斯涌出量之间的关系

由图 8-13 可以得到，在 302 工作面正常回采过程中，瓦斯涌出量为 54.41～96.47 m^3/min，平均为 74.13 m^3/min，风排瓦斯量为 4.79～27.79 m^3/min，平均为 22.66 m^3/min，顶板走向高抽巷瓦斯抽采纯量为 27.17～67.34 m^3/min，平均为45.09 m^3/min，顶板走向定向长钻孔＋上隅角埋管瓦斯抽采纯量为 0.96～10.96 m^3/min，平均为 6.37 m^3/min。

302 工作面从 2018 年 2 月至 2018 年 8 月回采期间日产量及累计进尺的变化情况如图 8-14 所示。回采期间工作面、上隅角及回风巷瓦斯浓度和累计产量的变化情况如图 8-15 所示，图中黑实线为《煤矿安全规程》规定的工作面、上隅角、回风巷及尾巷瓦斯浓度的上限(1%)。

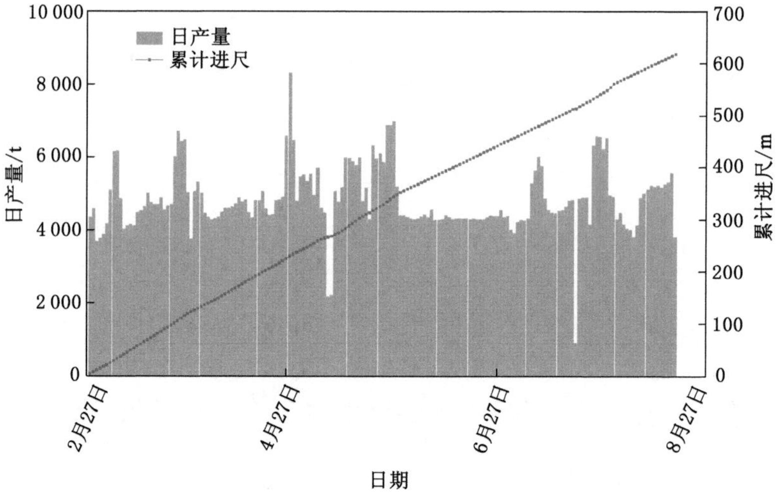

图 8-14　日产量及累计进尺的变化情况

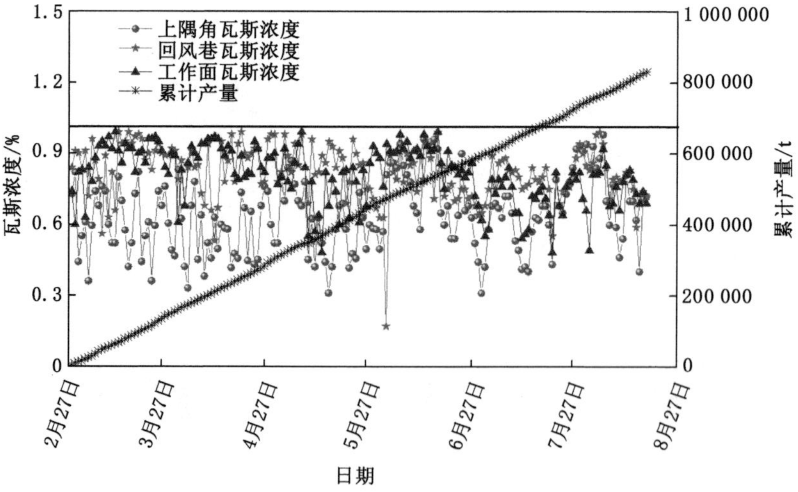

图 8-15　工作面、上隅角及回风巷瓦斯浓度和累计产量的变化情况

由图 8-14 和图 8-15 可以得到，2018 年 2 月至 8 月 302 工作面累计进尺 618 m，共产煤

83 万 t，通过应用立体抽采技术、采取有效的瓦斯控制技术措施，保证了工作面、上隅角、回风巷最大瓦斯浓度均控制在 1%以内，实现了 302 工作面的安全高效生产。

建立针对 302 工作面采空区卸压瓦斯立体抽采体系，将顶板走向高抽巷布置在工作面覆岩裂隙带下部，顶板走向定向长钻孔布置在垮落带上部、顶板走向高抽巷下部的区域，结合上隅角埋管抽采，表明 302 工作面瓦斯防治有效可行。

根据《煤矿瓦斯抽采基本指标》(GB 41022—2021)相关规定，工作面瓦斯抽采达标要求为：对于瓦斯涌出量主要来自邻近层或围岩的采煤工作面，判定瓦斯抽采效果达标时，计算的瓦斯抽采率需满足表 8-3 中规定的指标。

表 8-3　工作面瓦斯抽采率达标指标表

瓦斯涌出量 Q/(m^3/min)	瓦斯抽采率 η/%
$5 \leqslant Q < 10$	≥20
$10 \leqslant Q < 20$	≥30
$20 \leqslant Q < 40$	≥40
$40 \leqslant Q < 70$	≥50
$70 \leqslant Q < 100$	≥60
$100 \leqslant Q$	≥70

其中工作面瓦斯抽采率具体计算公式为：

$$\eta_m = \frac{100Q_{mc}}{Q_{mc} + Q_{mf}} \tag{8-1}$$

式中　η_m ——工作面月平均瓦斯抽采率，%；

Q_{mc} ——工作面月平均瓦斯抽采纯量，m^3/min；

Q_{mf} ——工作面月平均风排瓦斯量，m^3/min。

按照式(8-1)计算，天池煤矿 302 工作面 2018 年 3 月至 8 月回采期间瓦斯涌出量、抽采纯量及抽采率如表 8-4 所列。由表 8-4 可知，302 工作面月平均瓦斯抽采率为 64.08%～74.13%，平均为 69.47%。

表 8-4　302 工作面月平均瓦斯抽采率统计表

日期	月平均风排瓦斯量/(m^3/min)	月平均瓦斯抽采纯量/(m^3/min)		月平均瓦斯抽采率/%
		顶板走向定向长钻孔＋埋管	顶板走向高抽巷	
3 月	24.69	6.53	47.79	68.75
4 月	23.11	6.74	52.26	71.85
5 月	23.20	5.59	54.73	72.22
6 月	17.07	6.47	42.45	74.13
7 月	21.67	6.63	35.04	65.79
8 月	22.46	6.14	33.92	64.08
平均	22.03	6.35	44.37	69.47

根据表 8-3 和表 8-4，得到 302 工作面瓦斯抽采率达标评定表，如表 8-5 所列。

表 8-5　302 工作面瓦斯抽采率达标评定表

瓦斯涌出量指标/(m^3/min)	瓦斯抽采率指标/%	302 工作面			
		日期	月平均瓦斯涌出量/(m^3/min)	月平均瓦斯抽采率/%	达标与否
5≤Q<10 10≤Q<20 20≤Q<40 40≤Q<70 70≤Q<100 100≤Q	≥20 ≥30 ≥40 ≥50 ≥60 ≥70	3 月	79.01	68.75	达标
		4 月	82.11	71.85	达标
		5 月	83.52	72.22	达标
		6 月	65.99	74.13	达标
		7 月	63.34	65.79	达标
		8 月	62.52	64.08	达标
		平均	72.75	69.47	达标

根据表 8-5 中 302 工作面瓦斯抽采率达标评定情况可知，302 工作面月平均瓦斯涌出量小于 100 m^3/min，瓦斯抽采率需达到 60%以上。而 302 工作面 2018 年 3 月至 8 月瓦斯标采率均满足需求，达标率 100%，且回采期间工作面、上隅角及回风巷最大瓦斯浓度均控制在 1%以内，说明以顶板走向高抽巷、顶板走向定向长钻孔、上隅角埋管抽采组成的采空区卸压瓦斯立体抽采体系适用于 302 工作面以及类似矿井工作面瓦斯治理，效果良好。

9 主要结论及研究展望

9.1 主要结论

天池煤矿位于山西省晋中市和顺县，主采太原组15煤层，该煤层经鉴定具有煤与瓦斯突出危险性，具备我国大多数地区煤层瓦斯赋存所具有的“三高三低”特点，因此，结合天池煤矿煤岩层地质条件及瓦斯赋存特点，开展了“高瓦斯低透煤层卸压瓦斯高效抽采技术及工程示范”方面的研究。

本书在总结前人研究成果的基础上，通过对煤岩层赋存地质条件的现场调研，开展了煤层瓦斯基础参数、煤层瓦斯赋存特性、工作面及采空区瓦斯涌出规律、煤层采动覆岩裂隙演化规律及卸压瓦斯抽采技术等方面的研究，形成了适用于天池煤矿不同工作面回采工艺条件下的瓦斯高效抽采灾害综合防治技术体系，对天池煤矿及其他类似矿井开展瓦斯灾害综合防治工作具有一定的理论价值及现场指导意义。本书得到以下主要结论：

(1) 通过现场实测与调研，得到了天池煤矿各采区实验工作面煤样瓦斯含量、坚固性系数(包括硬煤及软煤)、瓦斯放散初速度、瓦斯吸附常数、瓦斯压力等基础参数。

(2) 通过现场观测，对天池煤矿掘进工作面及采煤工作面瓦斯涌出量开展预测，进而分析了不同回采工艺条件下工作面瓦斯涌出量来源及构成，并得到了与日推进距离、日产量、配风量、开采工序、抽采量、矿山压力等因素的关系，结合矿山压力分析获得了来压前后瓦斯涌出量的变化特点。

(3) 通过现场实测、理论分析、物理相似材料模拟、数值模拟等得到了天池煤矿不同采区实验工作面覆岩裂隙演化特征及“三带”高度，并理论分析了采动裂隙带内空间及气体性质，得到了采动卸压瓦斯的升浮、扩散、富集过程，获得了U形通风采场瓦斯分布规律。

(4) 通过物理相似材料模拟、理论分析和数值模拟，确定了上隅角埋管、顶板走向定向长钻孔及顶板走向高抽巷的合理布置参数，并针对天池煤矿煤层开采工艺特点，形成了由采空区上隅角埋管抽采、顶板走向定向长钻孔抽采、顶板走向高抽巷抽采构成的采动卸压瓦斯综合抽采模式。

(5) 通过将顶板走向高抽巷、顶板走向定向长钻孔、上隅角埋管等瓦斯抽采技术应用于天池煤矿主采工作面，获得了良好的瓦斯防治及灾害综合治理效果，保证了安全高效生产，同时为瓦斯防治工作提供了一定的技术指导，对煤与瓦斯安全高效共采技术体系的完善具有十分重要的现场价值。

9.2 研究展望

（1）顶板走向定向长钻孔区域预抽技术在天池煤矿还需开展进一步研究及应用。

（2）顶板走向高抽巷“一巷多用”技术在天池煤矿还需开展进一步研究及应用。

（3）顶板走向定向长钻孔与顶板走向高抽巷协同抽采卸压瓦斯技术在天池煤矿还需开展进一步研究及应用。

参考文献

[1] 李世峰，朱国云．“双碳”愿景下的能源转型路径探析[J]．南京社会科学，2021(12)：48-56.
[2] 王显政．加强交流合作　推动创新发展[J]．煤炭经济研究，2011，31(11)：1.
[3] 郝玉双．2003—2021年中国煤矿安全生产事故统计及研究热点分析[J]．能源技术与管理，2023，48(1)：192-196.
[4] 褚艳．甲烷减排：另一个必须完成的任务[J]．中国石油和化工产业观察，2021(5)：16-18.
[5] 林海飞．综放开采覆岩裂隙演化与卸压瓦斯运移规律及工程应用[D]．西安：西安科技大学，2009.
[6] 中国煤层气分布[J]．能源与节能，2018(7)：117.
[7] 于广明．矿山开采沉陷的非线性理论与实践[M]．北京：煤炭工业出版社，1998.
[8] 郭奉贤，魏胜利．矿山压力观测与控制[M]．北京：煤炭工业出版社，2005.
[9] 秦洪岩，题正义，杨艳国，等．地下开采覆岩变形破坏规律研究综述[J]．煤，2017，26(12)：1-5.
[10] 王家臣，许家林，杨胜利，等．煤矿采场岩层运动与控制研究进展：纪念钱鸣高院士“砌体梁”理论40年[J]．煤炭科学技术，2023，51(1)：80-94.
[11] 宋振骐．实用矿山压力控制[M]．徐州：中国矿业大学出版社，1988.
[12] 钱鸣高，石平五，许家林．矿山压力与岩层控制[M]．2版．徐州：中国矿业大学出版社，2010.
[13] 米文瑞．采动覆岩离层演化规律及地表沉陷模型的研究[D]．青岛：青岛理工大学，2016.
[14] 钱鸣高，缪协兴，何富连．采场“砌体梁”结构的关键块分析[J]．煤炭学报，1994，19(6)：557-563.
[15] 侯忠杰．对浅埋煤层“短砌体梁”“台阶岩梁”结构与砌体梁理论的商榷[J]．煤炭学报，2008，33(11)：1201-1204.
[16] 侯忠杰，谢胜华．采场老顶断裂岩块失稳类型判断曲线讨论[J]．矿山压力与顶板管理，2002(2)：1-3，110.
[17] 常龙，田庆祝，周伟．煤矿开采过程中采煤工作面老顶初次来压步距及周期来压步距的计算方法[J]．内蒙古煤炭经济，2013(10)：94-96.
[18] 宋振骐．采场上覆岩层运动与支架的选择[J]．煤炭科学技术，1978(9)：6-10.

[19] 鲍里索夫. 矿山压力原理与计算[M]. 王庆康，译. 北京：煤炭工业出版社，1986.

[20] BEER G，MEEK J L. Design curves for roofs and hanging-walls in bedded rock based on "voussoir" beam and plate solutions[J]. Transactions of the institution of mining and metallurgy，section A：mining technology，1982，91：18-22.

[21] 吴洪词，张小彬，包太，等. 采动覆岩活动规律的非连续变形分析动态模拟[J]. 煤炭学报，2001，26(5)：486-492.

[22] 陈忠辉，谢和平，李全生. 长壁工作面采场围岩铰接薄板组力学模型研究[J]. 煤炭学报，2005，30(2)：172-176.

[23] 钱鸣高，缪协兴. 采场上覆岩层结构的形态与受力分析[J]. 岩石力学与工程学报，1995，14(2)：97-106

[24] 柴敬，雷武林，杜文刚，等. 分布式光纤监测的采场巨厚复合关键层变形试验研究[J]. 煤炭学报，2020，45(1)：44-53.

[25] WANG Y G，GUO W B，BAI E H，et al. Key strata identification of overburden based on magnetotelluric detection：a case study[J/OL]. Applied sciences，2020，10(2)：1-12[2021-01-12]. https://doi. org/10. 3390/app10020558.

[26] 侯忠杰. 组合关键层理论的应用研究及其参数确定[J]. 煤炭学报，2001，26(6)：611-615.

[27] 梁运培，孙东玲. 岩层移动的组合岩梁理论及其应用研究[J]. 岩石力学与工程学报，2002，21(5)：654-657.

[28] 谢胜华，侯忠杰. 浅埋煤层组合关键层失稳临界突变分析[J]. 矿山压力与顶板管理，2002(1)：67-69，72，109.

[29] 钱鸣高，缪协兴，许家林. 岩层控制中的关键层理论研究[J]. 煤炭学报，1996，21(3)：225-230.

[30] 任永康. 千秋矿放顶煤采场上覆岩层移动及矿压显现规律研究[D]. 焦作：河南理工大学，2011.

[31] 常未斌，张浪，孙晓军，等. 煤粒瓦斯放散能力与吸附常数 b 的相关性研究[J]. 煤炭科学技术，2013，41(增刊 2)：229-231.

[32] 郝海金，张勇，袁宗本. 大采高采场整体力学模型及采场矿压显现的影响[J]. 矿山压力与顶板管理，2003(增刊 1)：21-24，27.

[33] 顾合龙，王文，王利民. 综放开采上覆岩层移动对邻近层瓦斯运移的影响分析[J]. 煤炭工程，2016，48(3)：61-63.

[34] 韩光，齐庆杰，崔铁军，等. 急倾斜煤层开采方案模拟与岩层运移分析[J]. 采矿与安全工程学报，2016，33(4)：618-623，629.

[35] 朱学军，朱道勇，刘博，等. 采动影响下断层侧硬厚岩层运移规律数值模拟研究[J]. 煤炭技术，2017，36(4)：19-21.

[36] 刘飞. 上行开采覆岩运移规律与回采巷道位置优化研究[D]. 徐州：中国矿业大学，2015.

[37] 常聚才，谢广祥，杨科. 较薄厚煤层综放开采顶煤岩运移破坏特征研究[J]. 煤炭科学技术，2008，36(4)：13-15，19.

[38] 许家林.岩层移动与控制的关键层理论及其应用[D].徐州:中国矿业大学,1999.

[39] 杜计平,张先尘,贾维勇,等.煤矿深井采场矿压显现及其控制特点[J].中国矿业大学学报,2000,29(1):82-84.

[40] PALCHIK V. Influence of physical characteristics of weak rock mass on height of caved zone over abandoned subsurface coal mines[J]. Environmental geology,2002,42:92-101.

[41] KARMIS M, TRIPLETT T, HAYCOCKS C, et al. Mining subsidence and its prediction in the appalachian coalifield[C]//The 24th U. S. Symposium on Rock Mechanics(USRMS),June 20-23,1983,College Station,Texas. [S. l. : s. n.],1983:665-675.

[42] HASENFUS G J, JOHNSON H L, SU D W H. A hydrogeomechanical study of overburden aquifer response to longwall mining [C]//The 7th International Conference on Ground Control in Mining, August 3-5, 1988, Morgantown, West Virginia. [S. l. :s. n.],1988:149-162.

[43] GHOSH A, DAEMEN J J K. Fractal characteristics of rock discontinuities[J]. Engineering geology,1993,34(1/2):1-9.

[44] PENG S S,CHIANG H S. Longwall mining[M]. New York:Wiley,1984.

[45] 钱鸣高,朱德仁,王作棠.老顶岩层断裂型式及对工作面来压的影响[J].中国矿业学院学报,1986(2):9-18.

[46] 刘天泉.矿山岩体采动影响与控制工程学及其应用[J].煤炭学报,1995,20(1):1-5.

[47] 高延法.岩移“四带”模型与动态位移反分析[J].煤炭学报,1996,21(1):51-56.

[48] 姜福兴.试论采场覆岩结构的系统模型[C]//中国煤炭学会.中国煤炭学会第五届青年科学技术研讨会暨中国科协第三届青年学术年会卫星会议论文集.北京:煤炭工业出版社,1998:60-63.

[49] 刘晓丽,王恩志,王思敬.裂隙岩体精细结构描述及工程特性数值试验[J].岩石力学与工程学报,2008,27(增刊2):3935-3940.

[50] 顾铁凤.贯通裂隙控制岩体巷道稳定规律的数值模拟[J].采矿与安全工程学报,2007,24(4):432-438.

[51] 钱鸣高,许家林.覆岩采动裂隙分布的“O”形圈特征研究[J].煤炭学报,1998,23(5):466-469.

[52] 郭玉森,林柏泉,吴传始.围岩裂隙演化与采动卸压瓦斯储运的耦合关系[J].采矿与安全工程学报,2007,24(4):414-417.

[53] 杨科,谢广祥.采动裂隙分布及其演化特征的采厚效应[J].煤炭学报,2008,33(10):1092-1096.

[54] 涂敏,袁亮,缪协兴,等.保护层卸压开采煤层变形与增透效应研究[J].煤炭科学技术,2013,41(1):40-43,47.

[55] 卢平,袁亮,程桦,等.低透气性煤层群高瓦斯采煤工作面强化抽采卸压瓦斯机理及试验[J].煤炭学报,2010,35(4):580-585.

[56] 齐庆新,彭永伟,汪有刚,等.基于煤体采动裂隙场分区的瓦斯流动数值分析[J].煤矿

开采,2010,15(5):8-10.
[57] 谢和平,于广明,杨伦,等.采动岩体分形裂隙网络研究[J].岩石力学与工程学报,1999,18(2):147-151.
[58] 于广明,谢和平,周宏伟,等.结构化岩体采动裂隙分布规律与分形性实验研究[J].实验力学,1998,13(2):145-154.
[59] 张向东,徐峥嵘,苏仲杰,等.采动岩体分形裂隙网络计算机模拟研究[J].岩石力学与工程学报,2001,20(6):809-812.
[60] 张永波,李荣华,刘秀英.采动岩体分形裂隙网络演化规律的试验研究[J].工程勘察,2004(2):33-35.
[61] 王悦汉,邓喀中,吴侃,等.采动岩体动态力学模型[J].岩石力学与工程学报,2003,22(3):352-357.
[62] 李树刚,石平五,钱鸣高.覆岩采动裂隙椭抛带动态分布特征研究[J].矿山压力与顶板管理,1999(增刊1):44-46
[63] 林海飞,李树刚,成连华,等.覆岩采动裂隙带动态演化模型的实验分析[J].采矿与安全工程学报,2011,28(2):298-303.
[64] ZHANG J,AN J Y,WEN Z H,et al. Numerical investigation of coal self-heating in longwall goaf considering airflow leakage from mining induced crack[J]. Process safety and environmental protection,2020,134:353-370.
[65] 徐建国,赵东良,贺江辉.白垩系巨厚砂岩下覆岩离层水涌突机理研究[J].煤矿安全,2020,51(2):58-63.
[66] 苏仲杰,于广明,杨伦.覆岩离层变形力学模型及应用[J].岩土工程学报,2002,24(6):778-781.
[67] 赵德深,朱广轶,刘文生,等.覆岩离层分布时空规律的实验研究[J].辽宁工程技术大学学报(自然科学版),2002,21(1):4-7.
[68] 刘洪永,程远平,陈海栋,等.高强度开采覆岩离层瓦斯通道特征及瓦斯渗流特性研究[J].煤炭学报,2012,37(9):1437-1443.
[69] 张勇,许力峰,刘珂铭,等.采动煤岩体瓦斯通道形成机制及演化规律[J].煤炭学报,2012,37(9):1444-1450.
[70] 刘洪涛,马念杰,李季,等.顶板浅部裂隙通道演化规律与分布特征[J].煤炭学报,2012,37(9):1451-1455.
[71] 高明忠,金文城,郑长江,等.采动裂隙网络实时演化及连通性特征[J].煤炭学报,2012,37(9):1535-1540.
[72] 柴琳.煤吸附超临界状态甲烷-水蒸气规律及注热增产机理研究[D].太原:太原理工大学,2017.
[73] 闫建萍,张同伟,李艳芳,等.页岩有机质特征对甲烷吸附的影响[J].煤炭学报,2013,38(5):805-811.
[74] 任华友.煤矿开采深度现状及发展趋势[J].内蒙古煤炭经济,2017(7):10-11.
[75] 陈士恒.论深矿井开采出现的问题及防治措施[J].中小企业管理与科技(中旬刊),2013(12):55-56.

[76] 李树刚,林海飞,成连华.基于采动裂隙椭抛带的煤与瓦斯共采机理[C]//闵龙.安全高效矿井安全保障技术:陕西省煤炭学会学术年会论文集(2011).北京:煤炭工业出版社,2011:11-16.

[77] 杨天鸿,陈仕阔,朱万成,等.采空垮落区瓦斯非线性渗流-扩散模型及其求解[J].煤炭学报,2009,34(6):771-777.

[78] 杨兰和.煤炭地下气化渗流燃烧方法研究[M].徐州:中国矿业大学出版社,2001.

[79] 张晟,张晓虎,赵亮,等.基于 Ergun 方程的菱镁球团填充床层阻力特性实验[J].东北大学学报(自然科学版),2021,42(3):347-352.

[80] 贝尔.多孔介质流体动力学[M].李竞生,陈崇希,译.北京:中国建筑工业出版社,1983.

[81] 刘卫群.破碎岩体的渗流理论及其应用研究[D].徐州:中国矿业大学,2002.

[82] 赵保太,林柏泉."三软"不稳定低透气性煤层开采瓦斯涌出及防治技术[M].徐州:中国矿业大学出版社,2007.

[83] 李树刚,林海飞,赵鹏翔,等.采动裂隙椭抛带动态演化及煤与甲烷共采[J].煤炭学报,2014,39(8):1455-1462.

[84] 李树刚,林海飞,成连华.采动裂隙椭抛带中瓦斯浓度分布规律研究[C]//中国煤炭学会煤矿安全专业委员会.中国煤炭学会煤矿安全专业委员会 2004 年学术年会论文集.三亚:中国煤炭学会煤矿安全专业委员会,2004:18-22.

[85] 李树刚,林海飞,成连华.基于顶板巷道的采动裂隙椭抛带内瓦斯排放方法[C]//刘长友.煤炭开采新理论与新技术:中国煤炭学会开采专业委员会 2006 年学术年会论文集.徐州:中国矿业大学出版社,2006:279-283.

[86] 钱鸣高,缪协兴,许家林,等.岩层控制的关键层理论[M].徐州:中国矿业大学出版社,2000.

[87] 李波.大采高综采采场直接顶关键层破断结构特征与稳定性研究[D].徐州:中国矿业大学,2016.

[88] 国家安全生产监督管理总局,国家煤矿安全监察局,国家能源局,等.建筑物、水体、铁路及主要井巷煤柱留设与压煤开采规范[M].北京:煤炭工业出版社,2017.

[89] 林海飞,李树刚,索亮,等.走向高抽巷合理层位的 FLUENT 数值模拟[J].辽宁工程技术大学学报(自然科学版),2014,33(2):172-176.

[90] 赵建国.煤层顶板高位定向钻孔施工技术与发展趋势[J].煤炭科学技术,2017,45(6):137-141,195.